气象信息员知识读本

本书编委会 编

U0343305

China Meteorological Press

内容简介

本书共分十章,比较全面地介绍了气象基础知识、气象与各行各业的关系,以及气象灾害、气候和环境变化等热点话题。本书既可作为气象信息员培训教材,也可作为社会公众和气象爱好者的科普读物。

图书在版编目(CIP)数据

气象信息员知识读本/本书编委会编.
—北京:气象出版社,2009.5(2018.9 重印)
ISBN 978-7-5029-4729-3

Ⅰ.气… Ⅱ.本… Ⅲ.气象－基本知识
Ⅳ.P4

中国版本图书馆 CIP 数据核字(2009)第 046111 号

出版发行:气象出版社

地 址:北京市海淀区中关村南大街 46 号 　　**邮政编码**:100081

电 话:010-68407112(总编室)　010-68408042(发行部)

网 址:http://www.qxcbs.com 　　　**E-mail**: qxcbs@cma.gov.cn

责任编辑:张锐锐 李太宇 王萃萃 　　**终 审**:周诗健

封面设计:燕 彤 　　　　　　　　　**责任技编**:吴庭芳

印 刷:三河市百盛印装有限公司

开 本:880mm×1230mm 1/32 　　　**印 张**:6.75

字 数:195 千字

版 次:2009 年 5 月第 1 版

印 次:2018 年 9 月第 10 次印刷

定 价:19.00 元

本书如存在文字不清、漏印以及缺页、倒页、脱页等,请与本社发行部联系调换

发展气象信息员队伍
为人民福祉安康服务

郑国光

二〇〇九年四月

郑国光，中国气象局局长

编委会

序

天气连着千家万户，气候影响各行各业，气象灾害威胁着国民经济的正常持续发展，也影响到社会的安全稳定和人民群众的正常生活秩序。加强气象灾害的防御工作，特别是增强全社会防灾减灾能力，提高广大人民群众的气象防灾减灾意识，对促进经济社会和谐发展具有重要作用。

基层一直是气象灾害防御工作最薄弱的地区，也是气象防灾减灾工作的重点和难点。我国地域辽阔，气象灾害种类繁多、分布广泛，农村、社区、厂矿、学校等基层单位一直是气象灾害宣传工作最薄弱的环节。通信传播手段的相对滞后，以及人们对气象灾害知识的匮乏，使得近年来我国发生的许多气象灾害，加大了有些地区的人员和财产损失。2005年6月，发生在黑龙江省宁安市沙兰镇的局地山洪，以及2008年9月下旬发生在四川地震灾区的暴雨所造成的严重人员伤亡给我们留下了深刻的启示。加强基层的气象灾害防御，提高群众的防灾减灾能力刻不容缓。

气象信息员队伍的建设，已成为基层防灾减灾的重要力量。2007年国务院办公厅49号文件明确提出了气象灾害防御社会化问题，指出"要积极创造条件，逐步设立乡村气象灾害义务信息宣传员，及时传递预警信息，帮助群众做好防灾避灾工作"。建立涵盖乡镇（街道）、村（社区）、学校、企事业单位等不同层次、不同领域的气象信息员队伍，是履行公共气象服务职能的着力点，是推进公共气象零距离服务的有效措施，也是促进气象与社会的互动、增强气象服务针对性的重要手段。

通过遍布基层的气象信息员队伍,不仅可以全方位地拓展气象信息覆盖面,协助各级政府、社会、单位、个人有效开展防灾抗灾工作,加大气象科普知识的宣传,还可以及时掌握各种灾害性天气和局地突发性天气的实时信息与气象灾情,同时全面反馈社会对气象服务需求,提高气象服务的有效性和针对性。经过两年多的努力,全国气象信息员队伍已经迅速发展壮大起来,成为基层防灾减灾体系的重要组成部分。

加强气象信息员的管理与培训,是发挥气象信息员队伍作用的重要保证。气象信息员来自于农村、厂矿、社区、学校,绝大多数都是兼职人员,对气象灾害客观上缺乏认识,对如何传播气象信息以及如何利用气象知识趋利避害也不十分了解。《气象信息员培训教材丛书》就是要提高气象信息员的业务技能、工作能力和服务水平,为气象信息员开展日常工作提供必要的帮助和指导。各级气象部门要结合本地的特点,组织、管理和培训好气象信息员队伍,努力造就一支高素质、高效率、高水平的基层气象灾害应急管理队伍。

在中国气象局应急减灾与公共服务司的精心组织下,经过中国气象局公共服务中心、气象出版社以及有关省(区、市)气象局专家认真细致的工作,《气象信息员教训教材丛书》正式出版。我相信,经过各省(区、市)气象局长期坚持不懈的努力,我国气象信息员必定在气象防灾减灾中发挥更加重要的作用。

矫梅燕[*]

2009 年 4 月

---

* 矫梅燕,中国气象局副局长

目　录

第一章　我们离不开的大气

　　大气这个名字,对我们来说,并不一定陌生。人类就生活在大气的海洋里,人们和大气的关系,就像鱼和水的关系一样密切,又无时无刻不在和大气打交道。

　　大气千变万化,也就是说,天气喜怒无常。它"高兴"时,带给人们风调雨顺,五谷丰登,给人们送来舒适的生存环境;然而它"发怒"时,表现为狂风暴雨,给人们带来悲痛和灾难。因此,摸清大气的"脾气",研究天气气候的变化规律,避其祸,取其福,则是人人都要认认真真去做的。首先,从认识大气说起。

图 1.1　从人造地球卫星上看地球,大气好像是蒙在地球表面上的一层浅蓝色面纱。

(李宗恺,1998)

1.1　大气的家族

大气是包围地球的空气总称。很早以前人们凭生活经验就发现自己的周围总是弥漫着许多气体,但是,这种气体是无色、无味、透明的,而且看不见、摸不着,所以叫它"空气"。

其实,空气并不空。现在的大气是由多种气体和悬浮着的微粒组成的混合物。一般来说,这种混合物含有三类物质:干洁大气、水汽和气溶胶粒子。

1.1.1　干洁大气

人们在认识大气的漫长过程中,首先发现的是有助燃作用的气体和不能助燃的气体,给前者取名氧,是"热烈"的意思;给后者取名"氮",是"无生命"的意思。后来又发现空气中还有二氧化碳,臭氧和其他惰性气体。如今,把不含水汽和气溶胶粒子的混合空气称为干洁大气。干洁大气成分的比例基本上是不变的。由于大气中存在着空气的对流、湍流及扩散作用,除水汽、二氧化碳、臭氧及悬浮杂质外,各种主要气体在约 90 千米以下的大气层中混合得相当均匀。干洁大气中对人类活动影响比较大的成分是氮、氧、臭氧和二氧化碳(表 1.1)。

表 1.1　干洁大气的成分

气体名称	平均分子量	含量(占体积的百分数)(%)
氮(N_2)	28.013	78.084
氧(O_2)	32.000	20.946
氩(Ar)	39.944	0.934
二氧化碳(CO_2)	44.010	0.038
氖(Ne)	20.183	1.818×10^{-3}
甲烷(CH_4)	16.042	2.0×10^{-4}
氪(Kr)	83.700	1.14×10^{-4}
氢(H_2)	2.016	0.5×10^{-4}
氙(Xe)	131.300	0.087×10^{-4}
臭氧(O_3)	48.000	地表附近$(0\sim0.07)\times10^{-4}$ $20\sim30km$ 高度$(1\sim3)\times10^{-4}$
氡(Rn)	222	6.0×10^{-18}
干洁空气	28.966	100

　　氮是大气中含量最多的气体,是地球上生命体的基本成分,并以蛋白质的形式存在于有机体中。氮是一种不活泼的气体,大气中的氮,不能被植物直接吸收,但可同土壤中的根瘤菌结合,变成能被植物吸收的氮化物。

　　氧是维持人类及动物生命极为重要的气体,因为动植物都需要呼吸,并在氧化作用中获得热量,以维持生命。氧还决定着有机物质的燃烧、腐败及分解过程。

　　大气中的臭氧主要是氧分子在太阳紫外线辐射的作用下形成的。大气中的臭氧浓度是很低的,可是它却可以吸收太阳紫外辐射中紫外C(波长 0.20～0.28 微米)的全部和紫外 B(0.28～0.32 微米)的绝大部分。紫外 C 如果到达地面,可以杀灭地球表面一切生物;紫外 B 也能杀死或严重损伤地面上的生物。臭氧层不能完全吸收的紫外 A(波长大于 0.32 微米)恰恰是对人类有用处的,例如杀灭细菌,防止佝偻病,促进植物的细胞壁和纤维素的合成等。另外,臭氧层因吸收紫外线而引起的增暖,可影响大气温度的垂直分布。

　　大气中二氧化碳来源于海洋及陆地上有机物的腐烂、分解,动植物的呼吸作用和石油、煤等矿物的燃烧、火山喷发等。二氧化碳属于温室气体,它能强烈吸收和发射长波辐射,对空气和地面有增温效应。如果大气中二氧化碳含量不断增加,将使全球气候发生明显的变化,这一问题已引起全世界的重视。

1.1.2　大气中的水汽

　　大气中的水汽来自江、河、湖、海及潮湿物体表面的蒸发,主要集中在低层大气中,水汽密度随高度的增加而迅速减少。在 1.5～2 千米高度上,水汽密度仅为近地气层的一半;在 5 千米的高度上,仅为地面的 1/10;在 10～15 千米处,水汽的含量就很微小了。

　　大气中水汽含量虽然不多,但由于它在大气温度变化范围内可以变为水滴或冰晶(这种变化称为相变),因而它是天气变化的主角,大气中的雾、云、雨、雪、雹等天气现象都是水汽相变的产物。

　　大气中的水汽能强烈吸收长波辐射,参与大气温室效应等。大气中水汽含量的多少,对动植物的生长发育有着重要作用。而水汽的凝结物如露、雾、雨和凝华物如雪等对农业生产影响更大。

1.1.3　气溶胶粒子

气溶胶是指大气中处于悬浮状态的、来自土壤、肥料、浓烟、盐等的小颗粒,火山灰和宇宙尘埃、微生物、植物孢子和花粉、小水滴、冰晶等。通常,在近地面大气中,城市多于乡村,冬季多于夏季,陆地多于海洋。

气溶胶粒子,一是由人类活动所产生的,像煤、木炭、石油的燃烧和工业活动,产生大量固体烟粒和吸湿性物质;由于核武器试验所产生的微粒和放射性裂变产物等。另一是由自然现象所产生的,像土壤微粒和岩石的风化,森林火灾与火山爆发所产生的大量烟粒和微粒;海洋上的浪花溅沫进入大气形成的吸湿性盐核;由于凝结、凝华或冻结而产生的自然云滴和冰晶。另外,还有宇宙尘埃等,像陨石进入大气层燃烧所产生的物质等。

大气中的气溶胶粒子浮游于天空中,会使大气能见度变坏,还能减弱太阳辐射和地面辐射,影响地面附近空气的温度。当固体颗粒沉降在叶片上时,它可以强烈地吸收太阳辐射,产生高温,灼伤叶片。这些物质还对叶片造成遮光,堵塞气孔,影响光合作用的正常进行。

由于人类活动大气不断受到污染,给大气增添了新的成员(表1.2)。

表 1.2　大气污染物

分　类	成　分
粉尘微粒	碳粒、飞灰、碳酸钙、氧化锌、二氧化铝
硫化物	二氧化硫、三氧化硫、硫酸、硫化氢等
氮化物	一氧化氮、二氧化氮、氨等
氧化物	臭氧、过氧化物、一氧化碳等
卤化物	氯、氟化氢、氯化氢
有机化合物	碳化氢、甲醛、有机酸、焦油、有机卤化物、酮等

　　另外,由于植被的破坏,沙漠的扩大,海洋的污染,平流层航线的增加等都会影响大气的成分。总之,随着社会经济的发展,人类活动的频繁,大气气溶胶中污染物粒子成员会越来越多,这已引起人们高度的重视。

1.2　大气分为几层

　　地球大气伴随着地球的形成过程,经过了亿万年的不断"吐故纳新",才演变成今天这个样子。一般来说,大气在水平方向上可以看作是均匀的,但是在垂直方向上差异却很大。人们常常按不同的标准,将大气在垂直方向上划分成不同的层次。最常用的是由地面到高空,按垂直温度分布将大气圈分为五层,即对流层、平流层、中间层、热层和散逸层(图 1.2)。

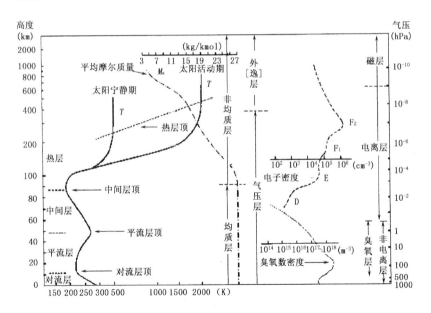

图 1.2　大气层结构示意图(北京华风气象影视信息集团,2005)

· 对流层

对流层是靠近地面的一层大气。其下界是地面,上界则随纬度和季节等因素而改变,就其平均高度而言,在低纬度地区,平均为 17～18 千米;中纬度地区平均为 10～12 千米;极地平均为 8～9 千米。就其季节变化而言,夏季上界的高度大于冬季。

对流层集中了大约 75% 的大气质量和 90% 以上的水汽质量,因此,主要的天气现象如云、雾、降水等都发生在这一层。

对流层的最大特点是气温随高度的升高而降低。平均是高度每增加 100 米,气温降低 0.65℃。

对流层的另一个特点是,空气有规则的垂直运动和无规则的湍流运动都相当强烈。结果使上下层的水汽,尘埃及热量等发生交换混合,改变了它们的垂直分布,对水汽凝结现象、大气能见度等都有很大的影响。

对流层与平流层的交界处,有一个厚约 1～2 千米的过渡层,叫做对流层顶。其主要特征是:气温随高度的垂直递减状况在这里突然变小(高度每增加 100 米温度递减小于 0.2℃),甚至随高度增加出现温度递增现象。

由于对流层顶内温度随高度降低很小,甚至升高,因此,它对空气的垂直运动有强烈的阻挡作用,使水汽凝结物、尘埃等聚集于其下,降低那里的能见度。

· 平流层

自对流层顶向上到 55 千米左右为平流层。其特点是:在平流层的下半部,平均说来,温度随高度的升高是不变的,或温度随高度增加微有上升,上半部则温度随高度的增加显著升高,到平流层顶可增至 0℃左右,这主要是与该层内臭氧直接吸收太阳紫外线辐射有密切关系。在平流层内,20～25 千米处臭氧含量最多,称为臭氧层。整层气流比较平稳,水汽和尘埃含量很少,适于飞机航行。

· 中间层

平流层顶部向上到 85 千米左右为中间层,该层的最大特点是:温度随高度的增加而迅速降低,其顶部温度可降至 −83℃以下。

• 热层

中间层顶部向上到 800 千米左右叫热层,该层有两个特点:一是温度随高度增加而迅速升高,在 300 千米高度上,可高达 1000℃ 以上,二是该层空气处于高度的电离状态,这是由于空气受到强烈的太阳紫外辐射和宇宙射线的作用而形成的。所以该层又叫电离层。电离层能反射无线电波,使无线电波能够绕地球曲面进行远距离的传播。

• 散逸层

热层顶以上的大气层称为散逸层,它是大气的最高层。据研究,这一层的温度也是随高度增加而升高的,该层内由于温度很高,空气又很稀薄,再加上地球引力很小,所以一些高速运动的大气质点可以挣脱地球引力的束缚,克服其他大气质点的阻碍而散逸到宇宙空间去。

1.3　天有多高

自古以来,"天高地厚"是个神秘的词。然而,随着现代探测科学技术的发展,这个谜正在被人们逐步揭开。

天,是相对地而言的,"天"的高度有几种不同的概念:如果以宇宙空间算起,"天"的高度是无法测量的,闪烁的繁星和运转的日月都处在天底下不同的高度上;若指地球大气的厚度,则日月星辰便是天外之物了。那么,大气层究竟有多厚呢? 可以认为,人们常说的"蓝天白云",它的高度离地面只有 10 千米的范围。在这个高度之内,聚集着空气中绝大部分甚至几乎全部的水汽,风云雨雪、气象万千的变化都发生在这里;在这个高度以上,空气便很稀薄了,既没有蔚蓝色的天空,也没有漂浮的云彩;既没有雨雪冰雹,也不见雷鸣电闪,这便是所谓的天顶了。然而,这里不是"天顶",不是大气的上界。后来,人们根据对空气密度的测定,发现 800 千米高空的空气已很稀薄,就认为地球大气圈的厚度是 800 千米。但经过对"极光"光谱的分析,人们又发现 800 千米以上的空中仍有较少的空气,主要成分是氮和氧,因而确认地球大气圈的厚度为 1000～1100 千米。随着火箭和人造地球卫星的发射,探测技术又有了进一步的提高,使得"天顶"又升高了,认为地球大气层的上限位置大约在 3000 千米,再向上便进入了星际空间。

大气总质量约为 5.3×10^{15} 吨,其中有 50% 集中在离地 5.5 千米以下的层次内,在离地 36～1000 千米的大气层只占大气总质量的 1%。大气压力随高度的分布如图 1.2 所示。尽管空气密度愈到高空愈小,到 700～800 千米高度处,空气分子之间的距离可达数百米远,但即使再向上,也达不到真空状态,所以地球大气圈顶部没有截然的界线,而是逐步过渡到星际空间的。这就是,不能简单地认为,大气稀薄到密度为零的那个高度就是大气上界,严格地说,这样一种上界是不存在的。

1.4　天气、气候与气象有区别

当你打开收音机、电视机或是翻开报纸,就会听到或看到天气预报的信息,在这些信息中,"气象"、"天气"、"气候"这 3 个名词经常碰到;当您要到某地出差,总要向别人打听一下那里的气候、天气情况如何?有人认为,反正都是天气呗! 就容易将它们混为一谈。其实,三者的含义有着较大的区别,相互间又有着密切的联系。

人们常说的天气,是一定区域内在某一瞬间或某一较短时段内大气中影响着人们日常生活、工作、生产活动的各种气象要素和各种天气现象及其变化的总称。表述天气的基本依据是气温、气压、湿度、风向、风速、降水等气象要素的观测结果。

天气现象指的是在气象观测站和视区内出现的降水现象、水汽凝结现象、冻结物、大气尘埃现象、光、电以及风的一些特征,如雨、雪、冰雹、雷暴、烟尘、霜、露、极光、龙卷、大风等现象。广义上来说,人们习惯地把天气的冷暖、燥湿、晴阴等也列入其范畴之中。比如,我们可以说,"今天天气很好,风和日丽,晴空万里,昨天天气很差,风雨交加"等。

气候一般是指某一地区长时期内的天气状态的综合表现,既反映平均情况,也反映极端情况。这个"长时期",究竟是多少,世界气象组织规定 30 年是气候的标准时段,这个 30 年就是对"长时期"概念的具体化。

　　气候的含义不只是几个气象要素的简单统计状态,而是大气综合状态的统计特征。气象要素的各种统计量是表述气候的基本依据,通常使用的有均值、总量、频率、极值、变率、各种天气现象的日数及其初终日期以及某些要素的持续日数等。例如,昆明四季如春。

　　可见,天气与气候是既有联系又有区别的两个概念。天气与气候之区别在于,天气是代表一个较短时间,而气候是代表一个较长的时间。天气是气候的基础,而气候则是对天气的概括。天气具有多变性,如晴转雨、雨转雪、雨转晴等,在同一时间内不同地区的天气是不同的,群众中早有"十里不同天"之说,而同一地区不同时间内的天气也常常是不同的。气候是一个较长时间内天气的概括,相对于天气而言,气候是比较稳定的。比如说"今年夏季气候很炎热、雨水少",而你若说"今天气候真热,明天气候将有雨"时,人们就会笑你了。

　　至于气象,它与天气、气候的概念也不一样。气象,通俗地说,它是指发生在天空中的风、云、雨、雪、霜、虹、晕、雷电等一切大气的物理现象。

1.5　天文与气象不是一回事

　　在日常生活中,不少人常把气象与天文当成一回事,因为相对于地面而言,它们都是在天上。虽然天文通过研究太阳和地球与大气有着一定的联系,大气科学也有研究太阳活动对天气气候影响的内容,但是气象与天文是两个学科,两者研究的基本对象完全不同。简单地说,天文是研究宇宙间日月星辰变化和天体运动规律的科学。而气象是研究地球大气层中发生的风、云、雨、雷电、霜冻等物理现象与规律的科学。具体地说,在地球大气内,尤其是近地层大气中,时常发生的风、云、雨、雪、雾、霜、雷电等物理现象和过程,统称为大气现象,简称气象。而研究大气现象的成因和大气运动变化的规律,以及这些现象、规律对人类的影响的科学叫做气象学。

1.6　大气与人类

如前所述,人类与大气,如同鱼与水的关系一样。大气是包括人类在内的地球生命的摇篮,又是其保护伞。

大气是地球上有生命物质的源泉,为地球上生物提供必要的氧气和二氧化碳,通过生物的光合作用(从大气中吸收二氧化碳、放出氧气,制造有机质)和呼吸作用(吸入氧气,放出二氧化碳),进行氧和二氧化碳的物质循环,并维持着生物的生命活动,所以没有大气就没有生物,没有生物也就没有今日的世界。另外,大气维持地球表面的水循环过程往复不止,所以地球上始终有水存在。如果没有大气,地球上的水就会蒸发掉,变成一个像月球那样的干燥星球。没有水分,自然界就没有生机,也就没有当今世界。

大气中的水汽和二氧化碳,被称为温室气体,它们可以使地表的热量不易散失,为生命创造了适宜的温度条件。否则,地球就跟月球一样温度会低到零下上百度,这样,一切生物都会被冻死的。

众所周知,大气中的臭氧层是一种地球的保护伞,这是因为它能把太阳辐射中的99%的紫外辐射吸收掉,从而保护人类免受太阳紫外辐射的伤害。

另外,人们会看到天空中经常有流星划过,这是地球大气中的氧气在起作用,使得快速运动的太空小星体氧化燃烧,或者烧尽,或者只剩下一小块(落到地球上成为陨石),从而对地球上的人类起到一定的保护作用。否则地球也会像月球那样,高低不平,有好多环形山,一切生物也不可能存在了。同样,大气层外的地球磁层阻挡了大量宇宙粒子进入大气层,对人类也起到了一定的保护作用。

第二章 气象要素和天气现象

　　在收听(收看)天气预报时,总会听(看)到气温、风向、风力、晴、阴、雨、雪等词汇术语,我们把表示天气状况的这些物理量和物理状态,或者说,表示大气状态的物理量和物理状态,称为气象要素。其中有的表示大气性质的,如气温;有的表示大气运动状态的,如风向风速;有的描述大气中一些现象的,如雨、雪、露、霜、雷电等,而对这些现象又称为天气现象。我们把气温、气压、湿度和风称为表征大气的四个基本气象要素。

2.1 四个基本气象要素

2.1.1 气温

(1)什么叫空气温度

　　在日常生活中,人们随时都能碰到冷热的现象,那么,冷热的程度用什么标准来衡量呢? 温度就是表征物体冷热程度的物理量。

　　气象学上把表示空气冷热程度的物理量称之为空气温度,简称气温。气象台站一般所说的气温,是在观测场中百叶箱内温度表(距地面 1.5 米高度处)所测得的温度(图2.1)。

图 2.1　气象站观测场中的百叶箱

（2）温标

为了定量表示物体的冷热程度，就必须规定衡量温度的标准，这个标准就称作温标。常用的温标有三种：

①摄氏温标（℃）。在标准大气压下，水的冰点（水结冰时）定为0℃，水的沸点（水沸腾时）定为100℃，把温度表从冰点到沸点之间的长度等分成100等份，每一等份就表示1℃。用这种标准测定的温度称之为摄氏温度，目前我国和世界上大多数国家都采用这种温标来测量物体温度的高低。

②华氏温标（℉）。将标准大气压下，纯水的冰点定为32℉，沸点定为212℉，并将温度表从冰点到沸点之间的长度分成180等份，每一等份就表示1℉。用这种温标测定的温度称为华氏温度。

③热力学温标（K）。热力学温标又称开氏温标或绝对温标。它规定以－273.15℃为0K。其分度方法与摄氏温标相同。目前在理论计算中多数采用这种温标。

以上温标的换算关系为：

$$℉ = \frac{9}{5}℃ + 32$$

$$K = 273.15 + ℃ \approx 273 + ℃$$

（3）最高气温和最低气温

最高气温是指一天中空气温度的最高值，通常出现在下午2时左右；最低气温是指一天中空气温度的最低值，通常出现在清晨太阳升起之前。

（4）平均气温

气温是随时间变化的。把每天02,08,14,20时（北京时间）四次定时观测的气温值相加再除以4（取一位小数），所得之商即为该日的日平均气温。

把一个旬（月）的逐日平均气温依次累加起来，再除以相应的天数，便得到一旬（月）的平均气温。把一年12个月的逐月平均气温累加起来再除以12，所得的商即为该年的年平均气温。

(5)体感温度与气温有区别

　　人体所感觉到的温度叫体感温度,它受气温、湿度、风、太阳辐射等因素影响,与气象站百叶箱中测得的气温是有差别的。

2.1.2　气压

(1)感受空气有压力

　　大气虽然看不见、摸不着,但它是客观存在的物质,它是有重量的。也就是说,它对位于其中的任何物体都是有压力的。不妨你拿一只充有气的气球,当你把里面的空气放掉,它马上会瘪下来。这是因为气球里面没有空气,就被外面的空气压扁了。据计算,整个大气的质量约为 5.14×10^{15} 吨(即514万亿吨)。如果大气是均匀地压在地球表面上,每平方米大约要承受10吨重的大气柱的压力。这么重的大气压力人们为什么一点也感觉不出来呢?原来大气是流体,在流体中某一位置上的物体受到来自四面八方的流体的压力,这些力的方向是相反的,大小是相等的,它们的合力等于零。所以,虽然地面每平方米面积上大约要承受10吨的大气重量,但人们却是若无其事,一点感觉也没有(图2.2)。

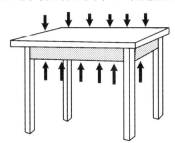

图 2.2　桌子上下压力相互抵消,所以桌子完好无损

(李宗恺,1998)

(2)何谓气压

　　气压就是大气压强,是指与大气相接触的面上,空气分子作用在每单位面积上的力,这个力是由空气分子对该面碰撞而引起的。在气象

上,气压通常用观测高度到大气上界(即整个大气柱)单位面积上的垂直空气柱的重量来表示的。不妨还可以做个实验,将一根1米长的玻璃管一端密封起来,然后从开口的一端灌进水银,把里面的空气赶出来,用手指按住管口,把玻璃管倒立在水银槽里。然后放开手指,这时,管内的水银就下落,待落到760毫米上下的地方就

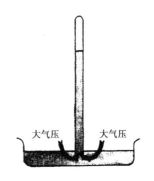

图2.3　大气有压力的实验
(李宗恺,1998)

停住了。这种支持管内水银柱不下降的力就是大气压力(图2.3)。

(3)气压的单位

　　气象上气压测量单位是百帕(hPa),1百帕等于1平方厘米面积上受到10^{-2}牛(N)的压力时的压强值。

$$1 \ hPa = 10^{-2}(N/cm^2)$$

　　气象上也用毫米水银柱高(mmHg)来表示,它们之间的关系为:

$$1 \ hPa = 3/4mmHg$$

(4)标准大气压

　　气象上规定,在纬度为45度,气温为0℃的海平面气压为1013.25百帕,相当于760毫米的水银柱高度,此压强定为1个标准大气压。

2.1.3　湿度

(1)何谓空气湿度

　　如前所述,空气中是含有水分的。霜、露、雾、云、降水等各种现象都是由于大气中含有的水汽而形成的。空气潮湿程度的大小实际上表示的就是空气中水汽含量的多少。

　　湿度是表示物体潮湿程度的物理量。空气湿度是表示空气中的水汽含量或潮湿程度的物理量。

（2）表示空气湿度的物理量

由于研究问题的角度不同，一般要使用不同的湿度参量。表示空气湿度的物理量有水汽压、绝对湿度、相对湿度、露点温度和饱和差。

①水汽压。指空气中水汽所产生的压力。空气中水汽含量多，水汽压就大，反之就小。其单位为百帕。

②绝对湿度。就是水汽密度，表示单位体积空气里所含水汽质量多少的物理量，单位为克/米^3。绝对湿度能直接表征空气中水汽绝对含量的多少。空气中水汽含量越多，绝对湿度就越大，反之就小。

③相对湿度。指空气中实际水汽压与同温度下饱和水汽压之比的百分数，单位是无量纲的百分数，以％表示。空气中的水汽压不能无限地增加，在一定温度下，如果水汽压增大到某一极限值，空气中水汽就达到饱和。如果超过这个极限值，将会有一部分水汽凝结成液态水，这一极限值称为该温度下的饱和水汽压。当空气处于饱和状态时，相对湿度为 100％，当空气处于未饱和状态时，相对湿度就小于 100％。所以说，空气中实际水汽含量越少，相对湿度越小。相对湿度取整数，小数第一位四舍五入。例如，95.5％和 96.4％，都记为 96％。

④露点温度。在空气未饱和时，降低温度，使空气中水汽达到饱和，这时的温度就称为露点温度，简称露点，单位用℃表示。空气中水汽含量越多，露点温度就越高。大气通常处于未饱和状态，所以露点温度通常比气温低。只有空气达到饱和状态时，露点温度才与气温相等。

⑤饱和差。在温度为 T 的的某一瞬间，在该温度 T 下的饱和水汽压与实际水汽压之差。它是表征空气距饱和状态的物理量，其差值愈大，表示空气愈干燥，其差值愈小，表示空气愈潮湿，当差值为零时，表明空气已饱和了。其单位为百帕。

此外，还有用比湿、水汽混合比来表示大气湿度的。比湿是指在一团湿空气中，水汽的质量与该团空气总质量（水汽质量加上干空气质量）的比值，其单位为克/克，即表示每一克湿空气中含有多少克的水汽。水汽混合比是指一团湿空气中水汽质量与干空气质量的比值，其单位为克/克。比湿和混合比也可以用克/千克的单位表示。

2.1.4　风

(1)何谓风

在户外,你会看到树枝在摆动,烟囱的烟柱倾斜飘走,旗子也会飘动,……所有这些现象都是人们看不见的风在起作用。气象上把空气在水平方向的运动定义为风,可见风是表示空气运动的一种物理量,它不仅有数值的大小(风速),还有方向(风向)。

风向是指风的来向,地面风向用 16 个方位表示。

风速是指单位时间内空气在水平方向上流动的距离,常用单位为米/秒,有时用千米/小时,或海里/小时。其换算关系为:

$$1 米/秒 = 3.6 千米/小时$$
$$1 海里/小时 = 1.852 千米/小时$$

习惯上采用将风速分为若干等级的做法。风力等级是根据对地面(或海面)物体的影响程度来定的。在没有风速计时,可以根据风中的物体运动的状态和人的感觉来估测风力的大小。

(2)风的成因

由于地理纬度的差异,地球表面各部分吸收太阳辐射的程度不同,加上地表本身还存在着海洋与陆地、地形高低起伏不平、植被不同等差异(图 2.4,图 2.5),使各地受热不同,气温分布不均匀。在气温高的地区,空气膨胀变"轻"而上升,到高空向四周流散;而在气温低的地区,空气受冷收缩变"重"而下沉,在低层向外流散,该区上空四周的空气便流来补充,密度变大,气压升高。可见气压的高低是随气温的变化而变化的,即气温高则气压低,气温低则气压高。气压高低之差称为"气压差"。空气从气压高的地方向气压低的地方发生水平流动,便产生了风。两地气压差越大,空气流动的速度越快,风速越大,反之就小。当两地气压相等时,空气就停止流动,便风平浪静,气象上称此为无风或静风。

2.2　水汽相变产生的天气现象

众所周知,水有三种形态,即气态(水汽)、液态(水)和固态(冰),这

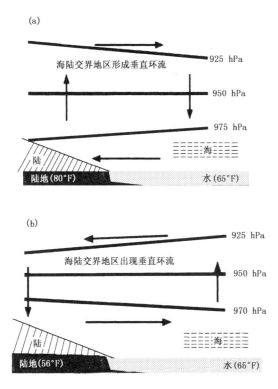

图 2.4　(a)海风形成;(b)陆风形成
(北京华风气象影视信息集团,2005)

三态可以相互转化,称为水相变化,简称相变。大气中水汽含量虽然不多,但它是天气变化的一个主要角色。在一定温度条件下,水汽通过凝结或凝华,相变为水滴或冰晶,从而成云致雨,落雪降雹,结露凝霜,成就了与水有关的一些天气现象。不难看出,不论是悬浮于空中的云,还是从天降下来的雨、雪、雹、霰,或者直接在地球表面出现的露、霜、雾等,它们有着共同的"母亲"——水汽,它们是"同胞兄弟"。

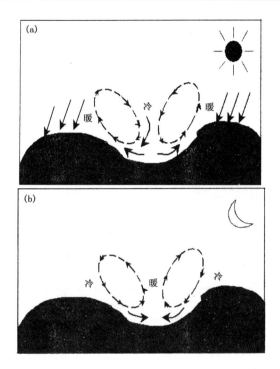

图 2.5　(a)谷风;(b)山风
(北京华风气象影视信息集团,2005)

2.2.1　云和雾

(1)云雾的形成

　　看得见的水经过蒸发变成水汽分子闯进大气,就变得看不见了。如果水汽不仅达到空气所容纳的限额(饱和),而且超过这一限额时即成为过饱和状态的空气,这时过剩的水汽便可能又凝结或凝华成看得见的水滴或冰晶,这些水滴或冰晶悬浮在高空的便是云,而把在接近地面气层中的称为雾。

(2)云为何悬浮于空中

　　不知你注意到了没有,天空中常常飘浮着五彩缤纷、变化无穷的云块:高的云距地面一万多米,低的云却只有几十米,有时还会跟地面上的雾连成一片。它们为何能悬浮在空中呢?

根据观测,组成为云块的小水滴或小冰晶的体积都非常小,它们统称为云滴,其半径平均只有几个微米,即千分之几毫米,但浓度却很大,据推算,一立方米空气可以聚集着几千万个到几亿个。这种小而密集的云滴或小水滴,在空气中下降的速度极小,能被空气中的上升气流托

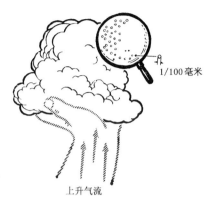

图 2.6 云浮在空中示意图
(《十万个为什么》编写组,1971)

住,因此,可以悬浮在空中成为浮云,并可自由自在地随风飘动(图2.6)。

(3)云的家族

白天,我们仰望天空,经常会看到各种各样的云彩,有的像鱼鳞,有的像幕布,有的像棉絮团,有的像山峰,真是千姿百态,且瞬息万变。为了便于归纳辨认,把这些奇形怪状的云按照一定的原则进行分类。

我国2004年出版的《中国云图》按云底高度将云分为高云、中云、低云3族;按云的形态将云分为孤立的相互间不相联系的团块状积状云,表面不匀整的波状云以及均匀的云幕层状云三种类型,共分为3族10属29类(表2.1,表2.2)。

表 2.1 云族和云层的分类

云 型	低云(<2500 米)	中云(2500~5000 米)	高云(>5000 米)
层状云	雨层云(Ns)	高层云(As)	卷层云(Cs)、卷云(Ci)
波状云	层积云(Sc)、层云(St)	高积云(Ac)	卷积云(Cc)
积状云	淡积云(Cu hum)、浓积云(Cu cong)、积雨云(Cb)		

表 2.2 云状分类表

云 族	云 属		云 类	
	学 名	简 写	学 名	简 写
高云(C_H)	卷云	Ci	毛卷云 密卷云 伪卷云 钩卷云	Ci fil Ci dens Ci not Ci unc
	卷层云	Cs	毛卷层云 薄幕卷层云	Cs fil Cs nebu
	卷积云	Cc	卷积云	Cc
中云(C_M)	高层云	As	透光高积云 蔽光高层云	As tra As op
	高积云	Ac	透光高积云 蔽光高积云 荚状高积云 积云性高积云 絮状高积云 堡状高积云	Ac tra Ac op Ac lent Ac cug Ac flo Ac cast
低云(C_L)	积云	Cu	淡积云 碎积云 浓积云	Cu hum Fc Cu cong
	积雨云	Cb	秃积雨云 鬃积雨云	Cb calv Cb cap
	层积云	Sc	透光层积云 蔽光层积云 积云性层积云 堡状层积云 荚状层积云	Sc tra Sc op Sc cug Sc cast Sc lent
	层云	St	层云 碎层云	St Fs
	雨层云	Ns	雨层云 碎雨云	Ns Fn

（4）雾的分类

雾和云从本质上讲，并没有什么区别，都是由小水滴或小冰晶组成，但云飘在天上，不接触地面，而雾则靠近地面，因此可以说："云是天上的雾，雾是地上的云"。气象上规定，大量微小水滴或冰晶浮游在空中而影响水平能见度的现象称为雾，常呈乳白色。当水平能见度小于1.0千米时称为雾，分为四级（表4.3）。所谓水平能见度是指视力正常的人在当时天气条件下，能够从天空背景中看到和辨认出目标物（黑色、大小适度）的最大水平距离；夜间则是以能看到或确定出一定强度灯光的最大水平距离，再换算成相应白天的能见度。

秋天的早晨，常可在江、河、湖面上见到飘浮着的缕缕"白烟"，那是由冷空气流经暖水面，由于暖水面的蒸发，使冷空气中的水分增加而达到饱和状态而形成了雾。类似的，当暖湿空气流经冷地表，致使近地面层空气迅速降温，逐渐达到过饱和状态，水汽凝结而形成了雾。还有，春、秋季（其他季节较少），夜间天晴、风小，近地面层大气迅速降温，达到过饱和状态，水汽凝结也会形成雾。

2.2.2　露、霜、雾凇、雨凇

（1）露

夏末秋初的清晨，在草地上经常可以见到晶莹的水珠，气象上称之为露。形成露的有利天气条件是天空无云或有很薄的高云而有微风的夜间。这时，地面以辐射方式放出热量，地面温度逐渐下降，近地层空气的温度也随着下降。当温度下降到一定数值（在气象上称为露点温度）时，空气中的水汽达到过饱和状态，水汽就逐渐凝结在草叶上了，于是便出现了露。这时较冷物体表面的温度应不低于0℃。

一个夜间露水最多相当于0.1～0.3毫米的降水量，露水量虽然有限，但对植物的生长有利，特别是干旱地区和干旱季节，夜间的露常有维持植物生命的功能。

（2）霜

在深秋到初春期间，有时清晨推窗外望，屋面上，草地里雪白一片，气象上将这类白色的凝华物称之为霜。这是因为在这段时间里,如果夜间无云、无风、寒冷的空气与低于 0℃ 的地面物体接触时,其中的水汽就会附在物体上直接凝华成冰晶,这就是霜了。一般来说,低洼的地方容易有霜,所以有"雪打山头霜打洼"一说。

霜和霜冻是有区别的,霜冻是因为气温剧降所引起的植物受冻现象,有霜时农作物不一定遭受霜冻之害。不同植物受霜冻的温度不同,有些植物霜冻温度在零下,有些则仍在零上。有霜冻时可以有霜出现(白霜),也可以没有霜出现(黑霜)。因此要预防的是霜冻而不是霜。早霜冻(或初霜冻)和晚霜冻(或终霜冻)对农作物的威胁较大,需采取熏烟、浇水、覆盖等预防措施。

(3)雾凇

雾凇是水汽直接在树枝、电线和地物凸出表面上凝华形成的小冰晶,多见于寒冷而湿度高的天气条件下,例如,我国山区以及东北地区的东部较多出现。

虽然雾凇和霜在形状上相似,但在形成过程上却有差别。霜主要是在晴朗微风的夜晚形成,而雾凇可以在任何时间内形成。此外,霜形成在强烈辐射冷却的水平面上,雾凇主要形成在垂直面上。雾凇聚集在电线上,严重时可以压断电线,给输电、通讯造成障碍。不过其危害程度比雨凇要小一些。

(4)雨凇

雨凇是在地面或地物的迎风面上形成的透明的或呈毛玻璃状的紧密冰层。它是由过冷却的雨或过冷却的毛毛雨的雨滴在所接触的物体表面上碰冻形成的。它可以发生在水平面上,也可发生在垂直面上,与风向有很大关系,总是在迎风面聚集得较多。

雨凇的破坏性很大,它能压断电线,折断树木,中断通讯、输电;坚硬的冰层使覆盖于下的庄稼糜烂,从而使农牧业和交通运输等方面受到较大程度的损失。

气象上把形成雨凇的雨称为冻雨,这种雨与人们常说的一般水滴不同,是一种碰上物体就能结冰的过冷却水滴。

"冻雨"落在电线、树枝、地面上,随即结成外表光滑的一层薄冰,冰越结越厚,结聚过程中还边流动边冻结,结果便形成一串串钟乳石似的冰柱、冰穗(俗称"冰挂"),它们晶莹透亮,遇上阳光,放射出五彩光芒,煞是好看!可惜的是,当它的重量超过物体的承载能力的时候,就会造成灾害。

2.2.3　雨、雪等大气中的降水现象

(1)降水概述

从云中降到地面上的液态或固态水,称为降水。

由于云的温度、气流分布等状况的差异,降水具有不同的形态——雨、雪、霰、雹。

雨:自云体中降落至地面的液体水滴。

雪:从混合云中降落至地面的呈雪花形态的固体水。

霰:从云中降落至地面的不透明的球状晶体,由冰晶碰冻大量过冷小云滴而成,直径2~5毫米。

雹:由透明和不透明的冰层相间组成的固体降水,呈球形,常降自积雨云。

区分降水的种类常依据降水量、降水强度以及持续稳定的状况而定。降水量是指在不渗透的平面上,由于降水所形成的水层高度,单位为毫米。降水强度是用单位时间内的降水量测定的,单位是毫米/天或毫米/小时。按降水强度的大小,降水可分为小雨、中雨、大雨、暴雨、大暴雨、特大暴雨、小雪、中雪、大雪、暴雪等(表2.3)。

表 2.3　降水强度划分标准

划分标准		雨			雪
		(毫米/天)	(毫米/小时)		(毫米/天)
降水强度等级	小雨	$R<10$	$R<2.5$	小雪	$R<2.5$
	中雨	$10 \leqslant R<25$	$2.5 \leqslant R<8.0$	中雪	$2.5 \leqslant R<5.0$
	大雨	$25 \leqslant R<50$	$8.0 \leqslant R<16.0$	大雪	$5.0 \leqslant R<10.0$
	暴雨	$50 \leqslant R<100$	$R \geqslant 16.0$	暴雪	$\geqslant 10.0$
	大暴雨	$100 \leqslant R<200$			
	特大暴雨	$R \geqslant 200$			

（2）降水怎样形成的

雨、雪、冰雹等降水是由云变来的（图 2.7，图 2.8），但天空中的云不一定都会产生降水。

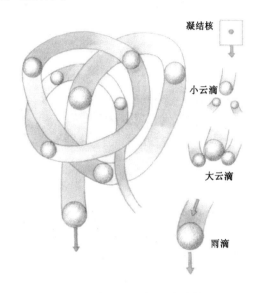

凝结核

小云滴

大云滴

雨滴

图 2.7　雨滴形成示意图（李宗恺，1998）

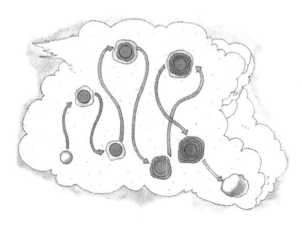

图 2.8　冰雹形成示意图（李宗恺，1998）

在云团中,云滴一般都是很小的,其半径多数在0.002~0.015毫米之间,最小的还不到0.001毫米。就以半径为0.01毫米的云滴来计算,它等速下落时的速度仅为1.26厘米/秒,如果一颗云滴从三四千米的高空以这样的速度下降,得花上整整3天时间才能落到地面。当云滴半径增大到0.05毫米,它等速下落时的速度可达27厘米/秒,这时云滴下落才逐渐明显,成为毛毛雨滴。如果云滴直径增大到0.3毫米,它等速下落时的速度可增大到247厘米/秒。这时云滴下降才很明显,便直线下落成雨滴。

那么,云滴是怎样增大为雨滴的呢? 一是通过水汽在云滴上继续不断地凝结而使其增大,但增大的速度较慢,而且主要在云滴增长的初期起作用;一是随着云滴增大,云滴之间相互合并的作用使其迅速增大,当云滴半径增大到0.05~0.07毫米以上时,云滴的相互合并就起主要作用了。

由于大云滴下降的速度比小云滴快得多,在下落的过程中,大云滴赶上小云滴而发生碰撞,大云滴吞掉小云滴,成为更大的云滴,并继续下落,又继续吞并小云滴,像滚雪球一样越滚越大。在上升气流很强时,可把大大小小的云滴往上冲,在这种冲击下,由于大云滴的惯性大,上升速度慢,小云滴惯性小,上升速度快,这样小云滴又追上大云滴而发生碰撞合并。如此上下往复多次,最后当云滴增大到上升气流再也托不住时,它们便从云中降落下来而成为雨。

从宏观上讲,形成降水的条件有三个:一是要有充足的水汽;二是要使气块能够抬升并冷却凝结;三是要有较多的凝结核。

(3)为什么会下雪

在冬季,往往会从灰蒙蒙的云层中飘落下一片片雪花,降落到地面。那么,为什么会下雪呢?

雪花生长在一种既有冰晶又有过冷水滴的云体里,这种云称为冰水混合云。在这种云体内,过冷水滴不断蒸发成水汽,水汽便源源不断地涌向冰晶的表面,在那儿凝华落脚,使冰晶逐渐增大形成雪花。雪花形成后便向下飘落,在飘落的过程中,碰上其他雪花时,常常粘附在一起,慢慢长大,遇到上升气流时,小雪花上升的速度比大雪花快,小雪花赶上大雪花发生粘连,几经反复,便逐渐成为直径达几厘米的像棉花又似鹅毛的雪团。当空气中的上升气流再也托不住这些雪花时,它们便从云层中飘落下来,如果这时低层空气的温度在0℃以下,雪花就能降落到地面,这就是人们所见到的雪了。

(4)冻雨是怎样形成的

在初冬或冬末春初,人们可以看到,当空中的雨落到近地面很冷的电线、树枝和其他物体上时,就立即冻结成冰,于是电线变成了粗粗的冰条,地面上也积了一层薄冰,这就是冻雨。气象学上把这种冻结物也称为雨凇。我国南方把冻雨叫做"下冰凌"、"天凌"或"牛皮凌"。

形成"冻雨",要使过冷却水滴顺利地降落到地面,往往离不开特定的天气条件:近地面2千米左右的空气层温度稍低于0℃,2~4千米的空气层温度高于0℃,比较暖一点;再往上一层又低于0℃,这样的大气层结构,使得上层云中的过冷却水滴、冰晶和雪花,掉进比较暖一点的气层,变成液态水滴。再向下掉,又进入不算厚的冻结层。当它们随风下落,正准备冻结的时候,已经以过冷却的形式接触到冰冷的物体,转眼形成坚实的"冻雨"(图2.9)!

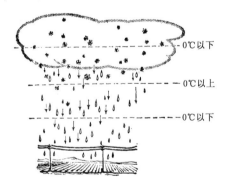

图2.9　冻雨形成示意图(《十万个为什么》编写组,1971)

(5)雪花为何都是六瓣

一立方米的新鲜雪团中,大约有60亿~82亿个雪花。尽管雪花的形状千差万别,可细细观察,却都是六瓣。为什么所有的雪花都是六瓣呢？

原来,各种雪花的形成和出现是与不同的气象条件有关的,特别是与空气温度、湿度有着密切的关系。当水汽充足、云中温度下降到-5~$-3℃$时,天空降下的是针状六瓣结晶冰花;当温度降至-13~$-10℃$时,天空降下的是板状六瓣晶体雪花;如果是枝状、星状六瓣晶体雪花,通常需要在-18~$-14℃$温度的范围内;那种琉璃别致的棱形状晶体雪花,则是在$-25℃$且水汽处于冰面饱和状态下逐渐形成的。

雪花都是由水汽在小冰晶上凝华增大而形成的。六角形状同水汽凝华的结晶习性有关:冰晶属于六方晶体系,它的分子以六角形状占多数。由于冰晶的尖角处位置特别突出,水汽供应接触最充分,所以在六角形状的冰晶棱角上长出一个个新的枝杈,最后就变成了六个花瓣样各种姿态的雪花。

(6)酸雨是怎么回事

有时候,有些地方,尝一尝雨水,带有像醋一样的酸味,我们称这种雨叫酸雨。这是因为现代工业生产、频繁的交通运输以及居民使用的生活炉灶,不断向空中排放大量的污染物,如二氧化硫、氮氧化合物、各种尘埃等,其中二氧化硫是最常见的、含量最高的污染物质。大气中的二氧化硫、二氧化氮等,在空气中氧化剂的作用下,溶解于雨水中,以雨的形式下落到地面而形成了酸雨。那么如何判断是不是酸雨呢。当然不必用嘴去尝试了。有一个量可作为判断水是否为酸性的指标,这个量称为 pH 值(酸碱度)。当雨、雪等大气降水的 pH(酸碱度)值小于5.6 时,即称为酸雨。

酸雨能危害农作物,腐蚀建筑物,还会影响人们的健康。在欧美一些国家,由于工业的发展,酸雨正在成为公害,严重地影响生态平衡,使土壤酸化,导致农作物和树木生长速度缓慢,使湖泊、河流中的水酸化,严重影响水生生物的生命安全。

随着工业的发展,20 世纪 80 年代初期开始,我国的一些大中城市都有不同程度的酸雨出现,pH 值最低的仅为 3。

酸雨是人类的一大公害,人们应采取积极措施,厂矿生产部门要做好"三废"的回收与处理,尽量减少硫氧化合物、氮氧化合物的排放量,从根本上保持大气的清洁,防止污染,才会减少和避免酸雨的发生。

2.3　雷电现象

2.3.1　天上有雷公吗

我国大部分地区,惊蛰开始闻雷,那一道道刺破天穹的闪电,那一声声响彻长空的雷声,伴随着狂风暴雨,令人惊恐不安。古代人认为这是雷公电母在发怒,于是拜天求神,祈求免遭雷击。其实天上没有菩萨,也没有雷公电母。电闪雷鸣是一种正常的自然现象。它一般出现在积雨云(或称雷雨云)中。

雷雨云都比较厚,云顶常常达十几千米高,甚至超过 20 千米,为冰水混合云体。当低于 0℃ 的云滴在霰粒表面碰撞的时候,会产生正负电性的分离,带正电的冰晶和飞屑要比霰粒小,常位于云的上部,而较重的带负电的霰粒,大部分位于云的下部,这样,就使云内出现了垂直分布的电场。加之大水滴和上升气流的作用,以及同地面放电感应电荷等原因,常常使雷雨云不同部位带上不同性质的电荷(图 2.10)。当这种起电

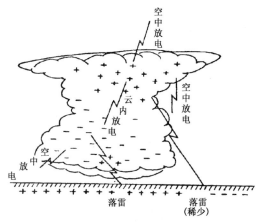

图 2.10　雷雨云中的电荷分布与放电情况

(北京华风气象影视信息集团,2005)

作用强烈地进行,使云中各电荷区之间及云底与地面之间,电位差愈来愈大,大到一定程度(每米几千伏特甚至上万伏特)时,各个不同的电荷之间就会发生击穿空气的放电现象,这就是闪电。闪电经过处空气中的水滴因高温(闪电时温度瞬间可达 6000～30000℃)而汽化,空气体积迅猛膨胀,结果就产生了震耳欲聋的爆炸声——通常人们所听到的雷声。

2.3.2　为什么先看到闪电后听到雷声

　　既然闪电和雷声是同时发生的,为什么我们总是先看见闪电,后听到雷声呢? 这是因为光的传播速度相当快,每秒钟达 30 万千米,用这样的速度,一秒钟可以围绕地球的赤道跑七圈半。而声音传播的速度比光慢得多,每秒钟只有 340 米,差不多只有光速的九十万分之一。光从闪电发生处传到地面的时间,一般不过几十万分之一秒,可是声音跑同样的距离就需要较长的时间。因此,在有雷电时,人们总是先看到闪电而后听到雷声(图 2.11)。如果雷电现象发生地离观测者太远,那么观测者就只能见到闪电而听不到雷声,这是因为声音在空气里传播的时候,它的能量是越来越小的,到最后就听不到声音了。

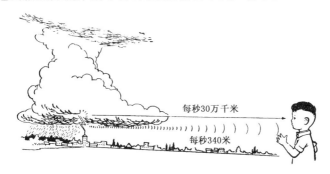

图 2.11　闪电、雷声传播示意图(《十万个为什么》编写组,1971)

　　由于声音的传播速度比较慢,因此,用秒表(或心算)可测出闪电与雷声之间的间隔时间,再乘以声音传播的速度(340 米/秒),即可算出雷电发生地与观测者的距离。例如,一观测者看到闪电后 5 秒钟听见雷声,则雷暴距观测者的距离为 340×5＝1700(米)。

第三章　气候与气候资源

3.1　从气候到气候系统

　　人们一提到气候,首先想到的是大气圈内的现象,其实,这是经典的气候概念(关于经典的气候概念参见第一章1.4节)。20世纪50年代以来,人类社会的发展以及环境的变化,启示人们认识到,要解释气候的形成,探讨气候变化的原因,尝试进行气候预测,就绝对不能仅限于研究大气圈内的现象。20世纪60年代以来世界上出现了许多异常气候现象,19世纪以来人类活动对气候的影响已经达到了不可忽视的程度,更加促使人们对这些问题的研究,不可能只限于大气本身,而是要研究包括大气、海洋、冰雪、陆面及生物圈在内的整个系统。于是在20世纪60年代提出了气候系统这个新概念。气候系统概念取代经典的气候概念,可以看做是气候学的一次革命。在哲学上则是由机械论向系统论的一种转变。

　　气候系统包括大气圈、水圈、冰雪圈、岩石圈和生物圈五个成员,各成员之间有着密切而复杂的相互作用。大气是气候系统的主体部分,大气环流是严冬、酷暑、干旱、洪涝等气候异常发生的直接原因。海洋约占地球表面积的70.8%,若只考虑100米深的表层海水,则占整个气候系统总热量的95.6%,因此,海洋是整个气候系统的热量储藏库和调节器。冰雪圈指大陆冰盖、冰川、海冰、永冻土及季节性雪盖,目前全球陆地约有10.6%被冰覆盖,海冰占海洋面积的6.7%,冰雪覆盖通过改变地表反照率和阻止地表(或海面)与大气间的热量交换,对地表热平衡产生很大影响。海陆分布和山脉大地形以及海陆冷热源分布的变化对大气产生着动力学和热力学的作用。生物圈中对气候实际影响较大的是世界范围的植被,而植被的变化与人类活动有密切关系,过度放牧和滥伐森林、肆意垦荒,破坏了植被,改变了地表的物理状况,人类活动使大气中的二氧化碳和气溶胶发生了变化,对气候变化产生了一定的影响。

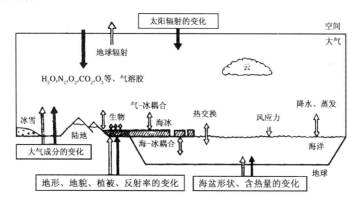

图 3.1 气候系统示意图(李爱贞等,2003)

3.2 地球上为什么分热带、温带、寒带

由于太阳光照射到地球表面的角度不同,因此,地球上各地接受太阳热量也有显著的差别,这就形成了各地的气候,而且呈现出与纬度大致平行的带状分布,于是人们把围绕地球表面呈东西纬度方向带状分布、气候特征(温度、降水、自然景观等)基本一致的地带叫气候带。最早由古希腊人以南北回归线(南纬 23.5 度和北纬 23.5 度)和南北极圈(南纬 66.5 度和北纬 66.5 度)为界将地球分为五个气候带,即南北回归线之间的为热带,南北回归线和南北极圈之间的分别为南温带和北温带,南北极圈内的分别为南寒带和北寒带。五带的划分虽然比较简单,但它反映了地面在一年中接受太阳光从低纬地区向高纬地区减少的规律,比如,极圈和两极的年太阳辐射总量仅分别为赤道上年太阳辐

射总量的 1/2 和 2/5。后来考虑气候带为多种因素综合作用的结果，因此，目前广泛采用的是把全球划分为 11 个气候带，即赤道带，南、北热带，南、北副热带，南、北暖温带，南、北冷温带，南、北极地带(图3.2)。

　　然而，气候的形成，虽然太阳辐射起着最主要的作用，但是大气环流、地球表面(可称为下垫面)，甚至人类活动等对气候的影响是不可忽视的。我们可以把太阳辐射看作是气候形成和变化的原动力；把大气环流看作是热量、水分的输送者；而下垫面因海陆分布，地形植被差异引起受热状况不同了；人类活动如工业化的发展导致全球变暖，过度开垦、滥伐森林则会加剧部分地区的荒漠化。这样，使气候除具有纬向分布(即气候带)特征外，还具有明显地域性特征，因此，又提出了气候型的概念。

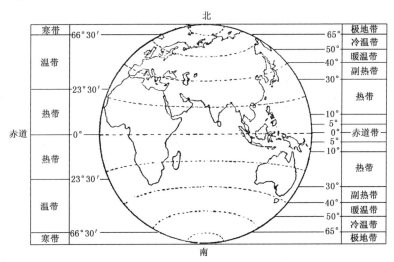

图 3.2　地球气候带(《十万个为什么》编写组，1971)

　　气候型是根据气候的基本特征划分的气候类型。在同一气候带里，常常由于地理环境或环流性质的不同，出现不同的气候型；在不同的气候带里，由于地理环境或环流性质近似，也可出现同类的气候型。如海洋型和大陆型气候，季风气候和地中海气候，高山气候和高原气候，草原气候和沙漠气候等。

此外,按水平尺度的大小,气候还可分为大气候、中气候、小气候。大气候即一般所指的气候,是指全球性和大区域的气候,如上面所述的气候型。中气候也称局地气候或地方气候,是指小范围自然区域的气候,如森林气候、城市气候、山地气候。小气候是更小范围的气候,它是由于下垫面的不均一性和人类活动所产生的近地面大气层中和土壤上层中的小范围内的气候特点,如农田小气候、森林小气候、水域小气候、建筑物小气候等。

3.3　大陆型气候和海洋型气候有什么特点

大陆型气候一般是指分布于远离海洋的中纬度大陆腹地的气候,常受大陆气团控制,而很少受到海洋暖湿气团的影响。最显著特征是冬季寒冷,夏季炎热,春温高于秋温,温度变化剧烈,气温的年、日较差均大,最热月在 7 月,最冷月在 1 月。另一重要特征是降水稀少,而且降水季节分配不均匀,多集中在夏季,年际变化也大,气候干燥,多晴朗天气。大陆型气候影响下的地区,一般为干旱和半干旱地区,自然景观多为草原和沙漠。

海洋型气候是指海洋邻近地区的气候,如海岛或盛行风来自海洋的大陆部分地区的气候。和大陆型气候相比,海洋型气候的主要特点是,冬无严寒,夏无酷暑,温度变化缓和,气温的年变化和日变化小,极端温度出现时间也比大陆型气候地区迟。春季冷于秋季是海洋型气候的一个显著标志,最暖月一般出现在 8 月,最冷月在 2 月。海洋型气候地区,降水丰沛,季节分布均匀,年际变化小,相对湿度大,云雾多,日照少。我国东部沿海城市如青岛属于这种气候。

3.4　山地气候有什么特点

山地气候指受高原和山脉地形影响所形成的气候,是一种局地气候。

山地气温随高度升高而降低,山坡的气温梯度以夏季为最大,每上升 100 米,约降低 0.5~0.7℃,冬季气温梯最小,大部分地区在 0.3~0.5 ℃之间,有时甚至可以出现逆温。

山顶和山谷气温的日变化和年变化有显著的差异,前者比较平缓,而且有秋季温度高于春季温度的趋势,具有海洋型气候的某些特点;后者的日变化和年变化比较剧烈,而且春季温度高于秋季温度,具有大陆型气候的特点。

山区降水也有其特殊之处,一是雨量和雨日一般随高度的增加而增加,二是迎风坡降雨多于背风坡,三是山脉上部以昼雨为主,而山谷盆地底部以夜雨为主。此外,在山区,风速随高度增加而增大。

我国四川以多山与高原为特色,为典型的山地气候。

3.5 季风与气候

季风,是指大范围盛行的风向随季节有显著变化的风系。一般来说,冬夏之间稳定的盛行风向相差达 120°~180°。

"季风"一词来自于阿拉伯语,原意为"季节"的意思。早在 15 世纪末,阿拉伯水手们在北印度洋的贸易航线上,发现了风随季节反向的现象。我国在宋代的时候,著名文学家苏轼在其"船艒风"一词中记述了季风现象。所谓船艒风,就是指夏季从东南洋面上吹至我国的东南季风。

季风主要是由于海陆间热力差异的季节变化,而导致的气压差的季节变化而形成的。夏天,陆地接受太阳辐射增温比海洋快,大陆上空温度较高,空气上升形成低压;海洋上空增暖较慢,温度比大陆低,空气下沉形成高压。就像水从高处向低处流动一样,空气从气压高的地方流向气压低的地方,在低空,风从海上吹向陆地,高空气流方向相反,从而构成了夏季的季风环流。冬季正好相反,陆地地面由于强烈的长波辐射(即散热),迅速冷却降温,空气下沉形成高压,海洋上空相对较为温暖形成低气压,于是低层风由大陆吹向海洋,高层气流由海洋流向大陆,形成了冬季的季风环流。

显然,随着季风这种盛行风向的转换,将会带来明显的天气气候变

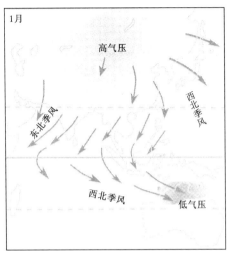

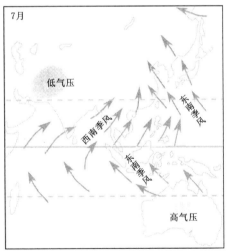

图 3.3　亚洲季风(人民教育出版社地理社会室,2003)

化,例如冬季风来时天气干燥寒冷,夏季风来时天气温暖潮湿。人们就把受季风支配地区的气候叫做季风气候。

季风气候的主要特征是冬干夏湿。夏季时吹向大陆的风,将湿润的海洋空气输进内陆,往往在那里被迫上升成云致雨,形成雨季。冬季风自大陆吹向海洋,空气干燥,伴有下沉运动,天气晴好,形成旱季。伴以夏季炎热和雨季差不多同时出现,又形成了季风气候的"雨热同季"的特征,对农业生产,尤其是水稻一类高产粮食作物更为有利,所以南亚、东南亚、中国、朝鲜和日本等这些著名季风区,都是水稻集中产区。

当然,季风的出现,除了海陆热力差异这个主要原因外,地球上行星风系季节性变化,高原大地形的影响,也是形成季风的重要因素。

3.6　我国气候有什么特点

我国地域辽阔,西北位于世界最大的大陆——欧亚大陆的腹地,东南濒临世界上最大的水面——太平洋,西南为世界上最高的高原——青藏高原。这样极其复杂的地理条件,使我国的气候具有强烈的季风性、大陆性和类型多样性的特征。与世界同纬度的其他国家相比,我国气候的这种特征是很独特的。

显著的季风特色:我国绝大多数地区一年中风向发生着规律性的季节更替,冬季多偏北和西北风;夏季盛行从海洋吹向大陆的东南风或西南风。降水多发生在偏南风盛行的夏半年5—9月。可见,我国的季风特色不仅反映在风向的转换,也反映在干湿的变化上,从而形成了我国季风气候特点为:冬冷夏热,冬干夏雨。这种雨热同季的气候特点对农业生产十分有利,冬季作物已收割或停止生长,一般并不需要太多水分,夏季作物生长旺盛,正是需要大量水分的季节。由此可见,我国东部地区的繁荣和发达与季风给这里带来的优越性不无关系。

明显的大陆性气候:我国大陆性气候的特征主要表现在气温的年、日变化大;冬季寒冷,南北温差悬殊;夏季炎热,全国气温普遍较高。最冷月多出现在 1 月份,年最低气温的多年平均值在我国最北部低于 −45℃,而在海南岛则达 11℃,相差 50℃以上。最热月几乎都出现有 7 月,我国东部淮河以南月平均气温基本上都在 28～30℃之间。与同纬度其他地区相比,冬季我国是世界上同纬度最冷的国家,1 月平均气温东北地区比同纬度平均要偏低 15～20℃,黄淮流域偏低 10～15℃,

长江以南偏低 6~10℃,华南沿海也偏低 5℃;夏季则是世界上同纬度平均最暖的国家(沙漠除外)。7 月平均气温东北比同纬度偏高 4℃,华北偏高 2.5℃,长江中下游偏高 1.5~2℃。

多样的气候类型:我国幅员辽阔,最北的漠河位于 53°N 以北,属寒温带,最南的南沙群岛位于 3°N,属赤道气候,而且高山深谷,丘陵盆地众多,青藏高原 4500 米以上的地区四季常冬,南海诸岛终年皆夏,云南中部四季如春,其余绝大部分四季分明。从热量上看,我国自南向北,跨越赤道带、热带、副热带、温带、寒温带。全国 87% 的国土面积为温带、副热带和热带。

(1)赤道季风气候。位于 10°N 以南的南海岛屿地区。年平均气温在 26℃ 以上,日平均气温 ≥10℃ 的年积温达 9000℃·天,气温变化很小,四季雨量分配较均匀。

(2)热带季风气候。包括台湾省的南部、雷州半岛和海南岛等地。日平均气温 ≥10℃ 的年积温 ≥8000℃·天,最冷月平均气温不低于 16℃,年极端最低气温多年平均不低干 5℃,极端最低气温一般不低于 0℃,终年无霜。

(3)副热带季风气候。我国华北和华南地区属于此种类型的气候。日平均气温 ≥10℃ 的年积温在 4500~8000℃·天之间,最冷月平均气温 -8~-0℃,是副热带与温带之间的过渡地带,夏季气温相当高(候平均气温 ≥25℃ 至少有 6 个候,即 30 天),冬季气温相当低。

(4)温带季风气候。我国内蒙古和新疆北部等地属于此种类型的气候。日平均气温 ≥10℃ 的年积温在 1600~3400℃·天之间,最冷月平均气温在 -28~-8℃,夏季候平均气温多数仍超过 22℃,但超过 25℃ 的已很少见。

(5)寒温带季风气候。我国东北地区的北部属于此种类型的气候。日平均气温 ≥10℃ 的年积温低于 1600℃·天,最冷月平均气温低于 -28℃,冬季严寒程度比温带更甚,寒冷期比温带更长。

从水分条件看,自东南向西北,依次为湿润、半湿润、半干旱、干旱地区,其中干旱、半干旱地区面积约占全国面积的一半。大体上全国可划分为东部季风区、西北干旱区和青藏高寒区三个大区。

东北地区主要为湿润、半湿润温带气候区。冬季严寒而漫长,夏季较短。低温冷害和干旱是该区农业生产的最大不利因素。

华北大部分地区为半湿润暖温带气候区,部分为半干旱暖温带气候区。冬季寒冷少雨;夏季高温多雨,且暴雨较多,春旱严重。春旱和夏季降水不稳定是该区农业生产的制约因素。

长江流域和江南地区为湿润副热带气候区。冬季湿冷,春雨较多,初夏多雨,盛夏高温伏旱,沿海夏秋有热带气旋侵袭,是该区主要气候特征。

华南大部和西南部分地区也属湿润副热带气候。冬季温和,春末至夏季多雨。但冬春时少雨干旱,影响热量的利用;暴雨洪涝及热带气旋的影响也不同程度地制约本区经济的发展。

热带湿润气候区域分布在雷州半岛、海南岛、南海诸岛、台湾南部和云南南部,全年暖热,降水量多,干湿分明。冬春少雨,夏季暴雨和热带气旋活动比较频繁。

内蒙古东部属于半干旱气候区,西部属于干旱区。

西北地区主要是干旱气候区,种植业仅限于绿洲和山麓地带,水资源短缺是制约本区经济可持续发展的主要因素。但该区风能和太阳能资源丰富。

青藏高原,大部分地区寒冷少雨。气候地区差异很大,具有从寒带到热带的各类气候。

以上只是几个大的地区的主要气候特点。至于山区气候,其类型就更加复杂多样了。即使一个山区,也具有不同尺度、不同层次的立体气候特征,这为山区开发提供了有利的气候资源。

3.7　气候也是一种资源

人类繁衍,社会经济发展,都需要资源。长期以来,人们可能经常注意的资源,一是土地,二是地下的矿藏,对气候的资源属性认识不够。其实,地上的宝给人财富,天上的宝(指大气)给大地(包括人类)生命,后者就是我们所要说的气候资源。

3.7.1 什么是气候资源

资源泛指提供人类物质和能量的总体,自然资源是其主要内容,而气候资源又是自然资源的重要组成部分。

气候资源是指在一定的经济技术条件下能为人类生活和生产提供可利用的光、热、水、风、空气成分等物质和能量的总称。气候资源既是人类赖以生存和发展的条件,又作为劳动对象进入生产过程,成为工农业生产所必需的环境、物质和能量,因此,可以说,气候资源是生产力,对社会经济发展具有重要意义。

气候资源是一种特殊的资源,它和其他资源不同,具有一些特殊性。

(1)气候是由光照、温度、降水、风等要素组成的有机整体。气候资源的多少,不但取决于各要素值的大小及其相互配合情况,而且还取决于不同的服务对象,以及和其他自然条件的配合情况,并不像石油、煤碳等矿产资源那样多多益善。

(2)气候有时间变化。这种变化,有的具有周期性,有的周期性不明显,而且变化规律难于掌握。因此,对气候资源的利用,必须因时制宜。比如种植作物要掌握时机,如果错过农时,资源稍纵即逝,就白白浪费了。

(3)气候有地区差异。大家都知道,世界上各地气候不可能完全相同,因此,气候资源的利用,还必须因地制宜。《氾胜之书》中说:"种禾无期,因地为期"。意思是播种谷子没有固定的日期,随地方不同而定时间。

(4)气候资源是一种可再生资源。它不像石油、煤炭等矿产资源,开采一点就少一点,终将有开采完的时候。而气候资源归根到底是来自太阳辐射,如果利用合理,保护得当,它将与太阳同寿,可以反复、永久利用。

(5)气候是人力可以影响的。这种影响,有的是有意识的,有的是无意识的。由于气候条件与其他自然条件密切相关,人类在生产和生活活动中,在改造自然过程中,常常自觉或不自觉地改变了气候条件。

例如,种草种树、蓄水灌溉等可以使气候变好,而毁林、垦荒、填河平湖等则可能使气候条件变坏。人类有意识地改善气候,就有可能把某些不利的气候条件改造为有利的气候条件,把某些气候灾害改造成为气候资源。

3.7.2　太阳辐射资源

太阳辐射是一种数量巨大的天然能源。太阳上氢的贮存量,足以维持太阳继续进行热核反应长达 60 亿年以上。地球每年从太阳获得的能量相当于人类现有各种能源在同期所能提供能量的一万倍左右。不过,由于太阳辐射能量密度小,可变性大,目前人类只利用了太阳能中十分微小的一部分。

太阳辐射有光辐射、热辐射、太阳射电辐射和太阳微粒流辐射四种。前两种类型已经构成了重要的太阳能资源。

太阳光辐射不仅给地球带来光明,如果没有它们,地球便沉沦于永远的黑暗之中,而且地球上的植物生长和开花结果也是靠阳光来维持的。植物体内的叶绿素利用阳光进行光合作用,把从根部吸收的水分解为氢和氧,使氧气与从空气中吸收的二氧化碳结合形成碳水化合物,而碳水化合物以及植物放出的氧气是动物(包括人类)维系生命的必需物质。所以太阳辐射是地球上最重要的气候资源。

太阳发射光辐射的同时,也向地球辐射热量。由热核反应产生能量平均高达 3.865×10^{26} 焦耳/秒,相当于燃烧 1.32×10^{16} 吨/秒的标准煤放出的热量。地球上获得的仅仅是太阳总能量的 22 亿分之一,相当于燃烧 6×10^{6} 吨/秒标准煤。如果没有太阳辐射对地球能量的不断补偿和供应,温度将会下降到行星空间的温度,那将是一个毫无生气、人类无法生存的冷寂世界。

除了可见光和热辐射外,太阳紫外线有强烈的生物效应,它能杀灭多种有害微生物而起到消毒作用。

3.7.3　热量资源

热量资源是人类生产与生活所必需的资源。热量资源与农、林、牧、渔业生产密切相关,尤其是农业,热量资源是作物生长所必需的环境条件之一。

由于温度能反映热量状况,所以在热量资源分析中,通常以气温作为主要指标,尤其是在农业气候资源研究中。

一般来说,热量资源表示方法可分为三类,一是用时间长度来表示热量资源,常见的有无霜期,生长季,日平均气温$\geqslant 0℃$,$5℃$,$10℃$,$15℃$,$20℃$的持续日数等;二是用温度强度来表示热量资源,通常用年平均气温,最热和最冷月平均气温,极端最高和最低气温,气温日较差、年较差等;三是用热量的累积程度来表示热量资源,包括活动积温、有效积温、大于某一界限温度的积温等。

3.7.4　水分资源

水作为地球上一种重要的自然资源,起着维持人类生命、工农业生产和良好环境的作用。

水分资源,即水资源,是指能被人类直接利用的地表水和地下水。对于一个地区来说,水分资源包括大气降水、土壤水、地表径流和地下水四个部分。其中大气降水直接补给土壤水和地表径流,也间接影响地下水。可见,大气降水是地面水分资源的主要收入项,在水分资源分析中占有重要地位。

根据近年来的综合估计,积蓄在海洋、大气和陆地上的天然水资源总量约为1.386×10^{18}立方米。海洋水大约为1.35×10^{18}立方米,占97.4%,陆地水占2.6%,大气中的水分大约为1.3×10^{13}立方米,仅占水资源总量的9.6%。可见,数量如此之多的水中能被人类直接利用的却极为有限。

我国陆面降水总量大约为6.1889×10^{12}立方米,全国平均年降水量为648毫米,在地域分布上差异很大。我国西北内陆地区,面积占全国陆地的35%以上,而降水总量仅占全国陆面降水总量的8%左右,这种极不均匀的水资源分布,形成了多雨、湿润、半湿润、半干旱和干旱等不同地带。人们为了解决这种不平衡,人为地采取南水北调、引滦入津等工程措施来调剂我国的水资源。

另外,随着人口增加,经济发展,地下水开采过度,气候变暖又导致降水异常,使得我国一些地区,尤其是北方一些大城市近年来不同程度地发生缺水现象,水的供需矛盾日益加剧,因此,合理利用和规划水资源显得十分必要。

3.7.5　风能资源

风是一种动力,能够促进近地层热量、水汽、CO_2 以及大气中其他物质的再分配,利用这些特性可以为人类造福。比如,利用风调节室内空气温度,为人们创造一个舒适的环境;在大气污染日益加剧的环境下,风对稀释污染物有重要作用;许多农作物的花粉、农田植被层中的 CO_2 等依靠风力传播和输送;风作为一种能量早在古代已为人们所利用。更值得指出的是,风和太阳能一样,也是一种取之不尽、用之不竭的清洁能源,开发利用的潜力很大。

据估算,全球可利用的风能每年约 2×10^{10} 千瓦,我国为 2.53×10^8 千瓦左右。随着现代工业的发展,人类在大量消耗有限的矿产资源的同时,又造成日益严重的环境污染,而风能的开发和利用,不仅能够有效避免这两个问题,而且可以造福人类。

我国是世界上最早利用风能的国家之一,但是比较系统地开发利用风能是从 20 世纪 70 年代中期以后开始的。我国风能开发利用的重点地区,主要集中在沿海一带、三北地区和青藏高原中北部。

3.7.6　空气资源

人类生活在低层大气圈内,每时每刻都在呼吸着空气。医学数据表明,一个人 5 个星期不吃饭或 5 天不喝水,还可以存活,可是 5 分钟不呼吸空气就会死亡。一般人每天大约需要 1.3 千克食物,2.0 千克水,而空气则需要 13.6 千克之多。可见,空气对于维持人的生命是非常重要的。

尽管空气作为生命要素之一的重要性,早已为世人所知,但是作为一种重要的自然资源却往往被人们所忽视。

空气作为一种自然资源,它的概念及其价值的形成是与人类利用气候资源的水平分不开的。只有在人类利用它的水平达到一定的程度，它才具有可利用性和一定的紧迫感，这时才可能形成有关它的资源概念与价值。同时，这种概念还将随着社会的发展而日益明确，空气质量也将不断升高。例如，生活在低海拔平原地区或以农牧业为主的乡村居民并没有意识到空气是一种自然资源，而生活在海拔较高的高山、高原地区或空气污染严重的重工业区的居民，就能够感受到新鲜空气的价值。这就说明了空气无色无味，看不见，摸不着，只有当缺少它时，才会意识到空气是一种资源。

空气是资源，组成空气的各种成分就是资源要素。

氧气是动植物新陈代谢，特别是吸收作用的物质基础。生物需要呼吸，空气中的氧气含量直接影响到动植物的生存和健康以及植物的生长发育与产量形成。另外，人类生活和生产过程中所使用的能源大多来自燃烧，如果没有氧气协助物质燃烧，能源将无法得到利用。

二氧化碳在农业生产和全球生态环境变化中起着非常重要的作用。虽然二氧化碳是植物光合作用的基本原料，在农业上利用前景是广阔的。但是，一提及二氧化碳，人们立马就会想到温室效应，毫无疑问，温室效应是生命能够在地球上存在和进化的基本条件，然而，由于近代大规模的人类活动所引起的二氧化碳浓度增高，导致温室效应加剧，已经引起全球气候变化，对人类的生存环境构成了威胁。

氮是构成蛋白质的主要成分，而蛋白质是生命的基础，可见氮在地球生物起源与进化过程中起着重要的作用。液态氮还是一种优良的冷冻剂，在医学上用来保存血液和活组织。

稀有气体氦、氖、氩、氙等具有许多优良而宝贵的性质，在工农业生产、国防建设、科学研究和人们的日常生活中都有广泛的实际应用。例如氦气填充的气球的上升能力大约等于同体积氢气的 93％。氖、氩、氙可以作为光源加以利用，常见的日光灯就是在灯管里充填少量的汞和氩气制成的。

甲烷，俗称沼气，是一种极具开发前景的新型能源。尤其是在农村，将人畜粪便、作物秸秆、菜叶杂草等密闭在地下池中，可以通过厌氧微生物发酵分解而产生沼气，是解决能源，燃料紧缺、饲料和有机肥不足的一条重要途径。

　　至于大气中的水汽,首先它成云致雨,是地球上水分循环中的一个重要环节。另外,空气湿度与人民生活、经济建设等也有密切关系。例如,许多现代化工业生产、科学实验、工厂车间、产品仓库、实验室等都需要比较稳定的空气温度和湿度。过于干燥或温度过高都会影响产品工艺和质量,影响仪器设备性能。空气湿度高低对人也有一定影响,若湿度过高,会防碍汗液蒸发,使人体温度升高,心跳加快,特别对患有心血管病的人非常不利。

第四章 不可忽视的气象灾害

4.1 气象灾害概述

　　每年我们都会或多或少地遇上狂风暴雨、雷鸣电闪,感受天气的炎热或寒冷,给我们从事的行业以及自身带来一定的危害或伤害。我们把它叫做气象灾害。不难看出,气象灾害是指大气运动和演变对人类生命财产和国民经济以及国防建设等造成的直接或间接损害,如台风、暴雨、暴雪、雷电、高温等。

　　我国地处东亚季风区,幅员辽阔,人口众多,自然环境复杂,天气气候多变,是世界上气象灾害最严重的国家之一。平均每年造成的经济损失占全部自然灾害损失的 70% 以上。20 世纪 90 年代以来,以全球气候变暖为主要特征的气候变化及其影响史加显著,气象灾害有明显上升趋势,对经济社会发展的影响日益加剧,平均每年因各种气象灾害造成的农作物受灾面积达 4800 多万公顷,受灾人口约 3.8 亿人次,造成的经济损失约占国内生产总值的 1%~3%。

　　气象灾害是自然灾害中的原生灾害之一,而且也是最常见的最主要的一种自然灾害。它种类多,不仅包括台风、暴雨、冰雹、大风、雷暴等天气灾害,还包括干旱、洪涝、持续高温等气候灾害,荒漠化、山体滑坡、泥石流、雪崩、病虫害、海啸等气象次生灾害或衍生灾害也时有发生,此外,与气象条件密切相关的环境污染、海洋赤潮、重大传染性疾病、有毒有害气体泄漏扩散、火灾等也成为影响人们生活和安全的重要问题;它发生频率高,无论古代还是现代,一年四季都可出现,有的灾种,如干旱,常常连季、连年发生;气象灾害分布范围广,无论是平原高山,还是江河湖海,世界各地,甚至空中,处处都可能有它的足迹;它群发性强,连锁反应显著,造成的灾情十分严重。

气象灾害,实际上是一类极端天气气候事件,与气象要素的异常变化有关。比如,水分异常会引起旱灾(水短缺)、洪涝(水过量),大风、台风等风灾常会带来暴雨、暴雪、冰雹等,至于雷电,往往也有暴雨、冰雹相伴随,这就难怪人们把气象灾害喻为洪水猛兽。

因此,了解气象灾害及其危害性,正确认识气象灾害的发生发展规律,并做好预测预防工作,已经成为现代社会广泛关注的环境问题。增强全社会防灾减灾意识和能力,从而保障人民生命财产安全,已经成为构建社会主义和谐社会一项重大现实课题。

4.2　常见气象灾害种类

4.2.1　台风

台风指发生在热带洋面上的空气大涡旋,同水漩涡相似,看上去好像一个活动在海面上的巨大蘑菇,直径约 1000 千米,垂直高度在 10 千米左右。如果从水平方向把台风切开,可以看到有明显不同的三个区域,从中心向外依次是台风眼区、云墙区和螺旋雨带区。台风眼非常奇特,那里风轻浪静,天气晴朗,平均直径为 25 千米,身临其境的海员风趣地称台风眼为台风的世外桃源。台风眼周围是宽几十千米、高十几千米的云墙区,也称台风"眼壁"。这里云墙高耸,狂风呼啸,大雨如注,海水翻腾,天气最恶劣。云墙外是螺旋雨带区,这里有几条雨(云)带呈螺旋状向眼壁四周辐合,雨带宽约几十千米到几百千米,长约几千千米,雨带所经之处会降阵雨,出现大风天气(图 4.1)。

按照世界气象组织规定,对像台风这样的发生在热带或副热带海洋上的气旋性涡旋统一称为热带气旋。我国将西北太平洋(包括南海)上的热带气旋,按其中心附近底层最大平均风力大小划分为六个等级,其中风力达 12 级或其以上的称为台风。

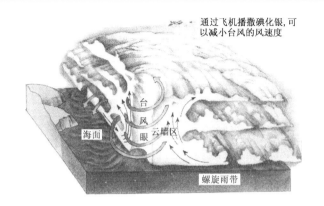

图 4.1　台风结构示意图(李宗恺,1998)

表 4.1　热带气旋等级划分表

热带气旋等级	底层中心附近最大平均风速(米/秒)	底层中心附近最大风力(级)
热带低压(TD)	10.8~17.1	6~7
热带风暴(TS)	17.2~24.4	8~9
强热带风暴(STS)	24.5~32.6	10~11
台风(TY)	32.7~41.4	12~13
强台风(STY)	41.5~50.9	14~15
超强台风(SuperTY)	≥51.0	16 或 16 以上

台风的形成,需要广阔的暖洋面,海水温度在 26.6℃ 以上,对流层风速的垂直切变小,它是由热带大气内的低压涡旋发展起来的。

我国是世界上少数几个受台风影响最严重的国家之一。西北太平洋和南海各月都可能有热带气旋生成,其中 6—10 月是其活跃期,但主要集中在 7—9 月。我国沿海各省(区)以及中东部地区,均可受到台风的直接或间接影响。广东省登陆台风最多,其次是台湾,海南和福建。

台风,不但可以形成狂风、巨浪,而且往往伴随发生暴雨、风暴潮、引起海堤决口、船只损毁沉没、屋舍倒塌、农作物受淹倒伏,破坏交通、通讯、电力设施;强降水还会引发泥石流、滑坡及山洪灾害。

　　在台风来临前,气象部门都会向社会发布预警信号。按照由弱到强的顺序,台风预警信号分为四级,分别用蓝色、黄色、橙色和红色表示。

　　台风对海上船只危害极大,那么,应该怎样躲避台风呢?

　　(1)台风来临前,船舶应听从指挥,立即到避风场所避风。加固港口设施,防止船舶走锚、搁浅和碰撞。

　　(2)强台风过后不久的风平浪静,可能是台风眼经过时的平静,此时泊港船主千万不能回去加固船只。

　　(3)船只在海上遇到台风时,不要惊慌,应迅速驶出台风的危险半圆区。危险半圆是指在台风移动路径方向的台风右半部。

　　(4)万一躲避不及或遇上台风时,应及时与岸上有关部门联系,争取救援。

　　(5)等待救援时,应主动采取应急措施,迅速果断地采取避开台风的措施,如停航、绕航、迅速穿过。

　　(6)台风路径可能随时改变,应与海上有关部门保持联系,以获得最新的台风信息,及时修正航行方向。

危险半圆和可航半圆

　　船在海上航行时,如无法躲避而陷入台风范围内,这时应设法知道当时船是在台风的哪一部位,和这部位的性质、危险程度,以便设法脱离。气象学家和航海学家根据台风各部位的性质,分成危险半圆和可航半圆,按照台风的行进方向,右侧半圆是危险半圆,左侧是可航半圆(图4.2)。这是因为台风在北半球是按逆时针方向旋转的,它的右半边风向与行进方向一致,风速得到加强,而在它的左半边,风向与行进方向相反,风速便减小。若将台风范围分为四个象限:第一象限是危险半圆的前半,是最危险象限,风雨最为险恶;危险半圆之后半和可航半圆之前半,为次危险象限;在可航半圆之后半,在台风范围内是比较安全的象限。所以当船只不幸陷入台风范围内时,应尽速设法避开危险象限,进入较安全象限而脱离台风范围。

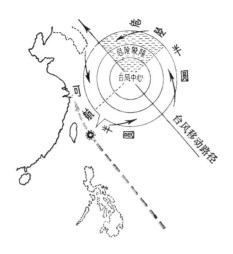

图 4.2　台风的危险半圆和可航半圆

（《十万个为什么》编写组,1971）

4.2.2　暴雨

　　暴雨是指短时间内产生较强降雨量的天气现象,按照一定标准通常划分为暴雨、大暴雨和特大暴雨。气象部门规定:24 小时雨量≥50毫米称为暴雨;≥100 毫米称为大暴雨;≥200 毫米称为特大暴雨。

　　产生暴雨的主要条件有三个:一是要有充足的水汽来源;二是有强盛而持久的上升运动;三是大气层结要不稳定。天上的积雨云,比一般云来说,其中水汽更丰沛,上下对流更旺盛,是产生暴雨的主要云系。此外,特殊的地形对暴雨的产生起着推波助澜的作用。

　　我国是多暴雨的国家,一年四季均可能发生暴雨(冬季暴雨局限在华南沿海),但是降水的阶段性明显,地域差别很大。华南多发生在4—6 月及 8—9 月;江淮多在 6—7 月,北方多在 7—8 月。夏秋季节,西北太平洋和南海热带气旋十分活跃,台风暴雨的雨量往往很大,会造成严重灾害。

　　北起松花江流域,沿燕山、阴山经河套、关中、四川到两广一线的东南地区,都曾出现过暴雨洪水灾害,又特别集中于七大江河的中下游平原地区,黄河、长江、淮河、海河、辽河、松花江和珠江这七大江河总流域面积为 435 万平方千米,占全国总面积的 45%,多年平均水灾面积占全国的 86%。

目前,我国这七大江河中下游共 100 多万平方千米的肥土沃野,以及上海、郑州、蚌埠、天津、营口、广州、哈尔滨等 10 多个重要城市的地面标高,都已处于相应部位江河洪水水位之下,比如黄河河床高出郑州、济南 3~5 米,高出开封市 12 米。这保护着中国半壁江山和亿万人民生命财产安全的总长 16.8 万千米的江河堤坝,谁能确保它们是坚不可摧的钢铁长城呢? 这些已经高悬于人们头顶之上的大江大河,犹如一把把高悬的"达摩克利斯剑",一旦落下,其后果是不堪设想的。

暴雨,尤其是短时间暴雨,往往伴有雷雨大风、龙卷、冰雹等灾害性天气,造成洪涝、交通堵塞、航班延误、工程失事、堤防溃决和农作物被淹,同时也将带来泥石流、滑坡等地质灾害,经济损失巨大,甚至造成人员伤亡。

每逢雨季,由于城市硬化路面越来越多,使雨水渗透很难,如果城市排水不畅,当降雨量大而急时就会发生内涝现象,给人们带来不便。

暴雨来临之前,气象部门向社会发布预警信号,按照由弱到强的顺序,暴雨预警信号分为四级,分别以蓝色、黄色、橙色、红色表示。

4.2.3　泥石流

泥石流是指存在于山区沟谷中,由暴雨、冰雪融水等水源激发的,含有大量的泥砂、石块的特殊洪流。

泥石流一般发生在多雨的夏秋季节,出现在一次降雨的高峰期,或者是在连续降雨发生之后。另外,需要有丰富的松散物质以及有利于把上述松散物质和水源集中的陡峻地形和地貌。此外,不合理的人类经济活动也能诱发泥石流。

我国泥石流的分布比较广泛,明显受地形、地质和降水条件的控制。西南地区以及新疆、甘肃、青海、陕西、江西、河北、北京、辽宁等地区为我国泥石流高发区。

泥石流发生时会同时引发崩塌、滑坡等地质灾害,其危害程度比单一的崩塌、滑坡和洪水的危害更为广泛和严重。泥石流来势汹汹,冲进乡村、城镇,摧毁房屋、工厂、企事业单位及其他场所设施。淹没人畜、毁坏土地,甚至造成村毁人亡的灾难。泥石流可直接埋没车站、铁路、公路,摧毁路基、桥涵等设施,致使交通中断,还可引起正在运行的火车、汽车颠覆,造成重大的人身伤亡和财产损失。另外,泥石流危害水利、水电工程以及矿山,可摧毁矿山及其设施,淤埋矿山坑道、伤害矿山人员、造成停工停产,甚至使矿山报废。

泥石流常与暴雨洪水相伴发生,气象部门在预报暴雨时往往和国土资源部门联合发布泥石流地质灾害预报。在泥石流多发季节,应该及时收听这类预警预报,并采取防范措施。

泥石流固然可怕,但只要我们抓住泥石流发生和行进的规律,采取必要的防范知识,可以将泥石流造成的损失降到最低。因此,在山区建设工作中必须把泥石流的因素考虑进去。在泥石流多发季节,不要到泥石流多发山区去旅游。

《中华人民共和国水土保持法》(1991 年 6 月 29 日)第二十条规定,各级地方人民政府应当采取措施,加强对采矿、取土、挖砂、采石等生产活动的管理,防止水土流失。在崩塌滑坡危险区和泥石流易发区禁止取土、挖砂、采石。

4.2.4 沙尘暴

当强风将地面细小尘粒卷入空中,使空气混浊、能见度明显降低时,就出现了沙尘天气。按照轻重程度不同,沙尘天气可分为浮尘、扬沙、沙尘暴、强沙尘暴、特强沙尘暴五类(表 4.2)。

表 4.2 沙尘天气划分标准

浮尘	水平能见度小于 10 千米
扬沙	水平能见度 1～10 千米
沙尘暴	水平能见度 0.5～1 千米
强沙尘暴	水平能见度 50～500 米
特强沙尘暴	水平能见度小于 50 米

　　我国受沙尘暴影响多集中在北方,其中南疆盆地、青海西南部、西藏西部及内蒙古中西部和甘肃中北部是沙尘暴的多发区。北方的沙尘暴主要出现在春季。这个季节大部分地区降水少,空气和表土干燥,多气旋和大风,加之地面裸露,具备产生沙尘暴的条件。进入夏季以后,由于降水逐渐增多,植被覆盖较好,沙尘暴很少出现。

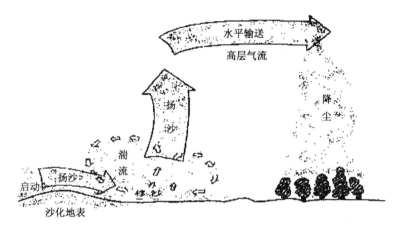

图 4.3　沙尘暴过程示意图(杨德保等,2003)

　　沙尘暴通过强风、沙埋、土壤风蚀和空气污染,对人类的生产和生活造成严重不良影响。沙尘暴期间的大风、干燥和低能见度可造成广告牌倒落,房屋倒塌,交通受阻,供电中断,沙尘暴还可致使农田种子和禾苗被吹走,产生火灾,甚至导致人畜伤亡。弥漫在空气中的大量细颗粒还对人类呼吸系统造成严重伤害。

　　沙尘暴来临之前,气象部门会向社会发布预警信号,根据沙尘暴出现时间迟早和能见度大小分为三级,由弱到强分别以黄色、橙色、红色表示。

　　防治沙尘暴的根本措施在于,合理利用草场,严禁过度开垦和放牧;合理利用并节约水资源,严禁过度开采地下水;爱护绿地,积极植树造林。

4.2.5　大风

当瞬时风速达到或超过每秒 17.2 米,即风力大于等于 8 级时,就称作大风(gale),这时的"大风"是专业术语有特定的数值;但日常生活中所说的"大风"常常指风速很大的风,没有特定的数值。实际上,后者的用法还较多。地面最强的风是由龙卷和台风造成的。在龙卷中,常常有风速达每秒 100 米以上的大风。强台风的风速多在每秒 60～70 米,甚至达每秒 100 米以上。

大风最常发生在锋面过境、寒潮入侵,以及出现雷暴、龙卷风及台风等天气的时候。地形对大风的产生也有显著影响,在一些特殊地形下,如在峡谷和喇叭口等处,经常出现大风,如新疆达坂城风力经常在10 级以上。

我国有 4 个大风日数高值区,即青藏高原、中蒙边境地区、新疆西北部、东南沿海及岛屿。但各地大风季节分布有很大差异,冬春季,我国北方以偏北大风为主,它可一直刮到长江以南;春夏季节,沿海地带和台湾海峡台风引起的大风比较多。

大风容易造成建筑物倒塌,吹翻车辆船只,折断电杆;对作物和树木等产生机械损害,造成倒伏、折断、落粒、落果及传播植物病虫害等;长时间的大风还会使土壤风蚀、沙化等;大风能引起风暴潮、沙尘暴,助长火灾等。

当 24 小时内可能受大风影响,平均风力可达 6 级以上,或者阵风 7 级以上;或者已经受大风影响,平均风力为 6～7 级,或者阵风 7～8 级并可能持续,气象部门就要发布大风预警信号,按出现时间迟早和风力大小,台风除外的大风预警信号分为四级,分别以蓝色、黄色、橙色、红色表示。

4.2.6　大雾

雾是指在贴近地面的大气中悬浮有大量微小水滴或冰晶并使大气水平能见度小于 1000 米的天气现象。能见度是指人们视线所能延伸的距离。人们看到的距离越短,说明雾的程度越严重。按水平能见度大小,将雾划分为雾、大雾(注意这里"大雾"的用法与上述"大风"的用法有类似之处)、浓雾和强浓雾 4 种(表 4.3)。

表 4.3　雾的分类

雾:水平能见度距离低于 1000 米

大雾:水平能见度距离 200～500 米之间

浓雾:水平能见度距离 50～200 米之间

强浓雾:水平能见度不足 50 米

　　其实,雾和云的形成原因一样,只是高度不同而已。雾和云都是由于气温下降造成的。如果水汽在近地面因低空受冷,达到饱和状态,凝结成小水滴积聚在一起,那些小水滴不落到地面,而悬浮在贴近地面的空气中,就形成了雾。这种水汽受冷的原因,可以是地面辐射冷却,冷空气流经暖水面上,暖湿空气平流到较冷的下垫面上,或者空气沿山坡上升等。一般来说,雾经常出现在秋冬季节有微风而晴朗少云的夜间或清晨(图 4.4)。

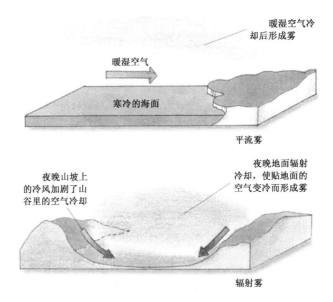

图 4.4　雾形成示意图(李宗恺,1998)

我国一年四季都可能有雾,主要发生在春、秋和冬季,夏季由于天气炎热,一般平原、丘陵地区雾比较少。我国雾日数大致是东部多、西部少。黄淮、江淮、江南及河北、四川、重庆、云南、贵州、福建、广东等省市年雾日一般在 20 天以上,局部地区可达 50～70 天;东北地区东南部和大兴安岭北部雾日可达 20～30 天;西北地区因气候干燥,很少出现雾,但陕西和新疆天山山区年雾日数仍可达 10～30 天。

雾引发的灾害一般与出行有关,因为大雾天气下水平能见度极差,使司机视线模糊,容易发生撞车、撞人事故。如果雾范围较大,跨越数省,不仅容易造成城市交通拥堵,而且影响高速公路、跨省国道、航空、铁路的正常运营和安全。海雾是影响海上交通的危险天气。

雾滴中往往含有细菌、病毒以及二氧化硫等物质,人体吸入后在体内滞留,对身体健康有害。在有些地方,可能出现雾闪,引起电线短路,造成断电事故。

另外,连续数天大雾,使农作物缺少光照,从而影响作物生长,甚至会助长病菌繁殖,引发作物病害。

在大雾来临之前和大雾出现过程中,气象部门根据不同情况,将发布大雾预警信号。大雾预警信号分三级,以黄色、橙色、红色表示。

4.2.7 干旱

干旱是指因水分收支或供求不平衡而形成的持续水分短缺现象。干旱灾害,是指在某一时段内,通常是 30 天以上的时段,降水量比常年同期的平均状况偏少,并导致经济活动和日常生活受到较大危害的现象。

可见,干旱的发生主要与降水少有关。但是,近年来人类的一些自身活动,如人口的大量增加;森林植被遭受破坏;过度抽取地下水;水体污染;用水浪费严重等,导致水资源短缺,加剧了水的供需失衡,也是干旱发生的另外原因之一。

我国气象干旱发生频繁。东北的西南部、黄淮海地区、华南南部及云南、四川南部等地年干旱发生频率较高,其中华北中南部、黄淮北部、云南北部等地达 60%～80%;我国其余大部地区不足 40%;东北中东部、江南东部等地年干旱发生频率较低,一般小于 20%。

干旱是对人类社会影响最严重的气候灾害之一,它具有出现频率高、持续时间长、波及范围广的特点。干旱的频繁发生和长期持续,不但会给社会经济,特别是农业生产带来巨大的损失,还会造成水资源短缺、荒漠化加剧、沙尘暴频发等诸多生态和环境方面的不利影响。我国 1949—2006 年平均每年受旱面积 2122 万公顷,约占各种气象灾害受灾面积的 60%。

预计未来一周综合气象干旱指数达到重旱,或者某一县区有 40% 以上的农作物受旱,气象部门就要发布干旱预警信号,干旱预警信号分两级,分别以橙色和红色表示。

4.2.8　高温

日最高气温大于或等于 35℃ 的天气称为高温天气,大于或等于 38℃ 的天气称为酷热天气,连续 5 天以上的高温称为持续高温或"热浪"天气。

我国高温一般发生在 5—9 月,在我国东南部和西北部,分别有两个高温多发区。西北部的多发中心在新疆的南疆地区,这里年高温日数一般有 20 天以上,新疆吐鲁番达 99 天,为全国之最;东南部的多发中心在江南、华南北部及四川东部和重庆一带,这里年高温日数一般有 20～35 天。

副热带高压和夏天太阳直射,是导致我国南方夏季高温的主要因子。副热带高压内的下沉气流,因绝热压缩而变暖,使得它所控制的地区会出现持续性的晴热天气。

连续高温热浪,会引发生理、心理不适,甚至诱发疾病或死亡。同时,高温热浪影响植物生长发育,加剧干旱区旱情发生发展,使农业减产;高温还使用水用电量急剧上升,从而给人们生活、生产带来很大影响。

在高温来临前,气象部门就会向社会发布高温预警信号,高温预警信号分三级,以黄色、橙色、红色表示,提请相关部门和民众落实并采取防灾措施。

4.2.9　雷电

有些人认为,打雷闪电是神在发怒,乃"天龙"所为。还认为,如果那个人丧失良心,做尽坏事,就会被"龙抓"电劈,这是老天爷的"报应"。其实,雷电是不长眼的,更分不清好人坏人。被雷电劈死的人,多数是躲避不及,没能有效防御雷电所致,或者采取了不当的防雷方法,才会出现这样的不幸结果。

雷电是在雷暴天气条件下发生于大气中的一种长距离放电现象,通常在有积雨云的情况下出现,多发生于春夏秋季节。雷电所形成的强大电流、炽热的高温、强烈的电磁辐射以及伴随的冲击波,导致人员伤亡,建筑物、供配电系统、通信设备、民用电器的损坏,引起森林火灾,造成计算机信息系统中断,仓储、炼油厂、油田等燃烧,甚至爆炸,危害人民财产和人身安全。

我国雷暴活动多发区主要集中在华南、西南南部以及青藏高原中东部地区,年雷暴日数在70天以上。广东雷州半岛因年雷暴天数多达100天以上而得名。

在雷电来临前,气象部门会向社会发布雷电预警信号,雷电预警信号分为三级,分别以黄色、橙色和红色表示,提请相关部门和民众落实并采取防灾措施。

值得注意的是,电喜欢走近路,喜欢尖端放电,所以在雷雨交加时,人在旷野上行走,或扛着带铁的金属农具,或骑在牛背上,或在孤立的小屋中,或在电线杆、大树下躲雨,就容易成为放电的对象而招来雷击。还有,建筑物的顶端或棱角处,很容易遭受雷击;此外,金属物体和管线都可能成为雷电的最好通路。因此,掌握这些规律对预防雷击有很重要的意义。

4.2.10　龙卷风

龙卷风是一种强烈的、小范围的空气涡旋,是在极不稳定天气条件下,由空气强烈对流运动产生的,通常是由雷暴云底伸展至地面的漏斗状云产生的强烈旋风。一般伴有雷雨,有时也伴有冰雹。

在我国,龙卷风主要发生在华南、华东一带,一般以春季和夏初为多。一天当中以下午至傍晚最为多见,偶尔也在午夜出现。

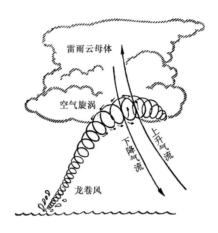

图 4.5　龙卷风形成示意图

(《十万个为什么》编写组,1971)

龙卷风的中心气压很低,风力可达 12 级以上,最大风速可达每秒 100 米以上,它极强的上升和水平气流具有巨大的破坏力,能拔起大树、掀翻车辆、摧毁建筑物,有时也能把人吸走,造成人员伤亡和经济损失。

龙卷风突发性和局地性强,目前对它预测有一定难度。龙卷风属于强对流天气系统的一种,在龙卷风多发季节和地区,当气象部门发布大风、雷电、冰雹等强对流天气预警信号时,最好能做一些防御龙卷风的准备工作。

在个人无法获取预警预报信息的情况下,要留意观察龙卷风来临前的天气征兆。比如,天空呈黑绿色,可看见明显的漏斗云,可能有冰雹降落;乌云翻滚,声音开始像瀑布,而后如火车或喷气飞机的轰鸣声;树枝树叶被卷起,有碎屑物降落。遇到这些情形,要立刻准备避险。

那么,当龙卷风来临之时,我们该如何积极防御呢?

在室内,一定要远离门窗和房屋的外围墙壁,避免躲在冰箱、电视等电器附近；躲避龙卷风比较安全的地方，是地下室或半地下室，或者东北方向的小房间或墙角附近，避开房屋的西南侧。若在楼上，特别是农村的楼房内，应立即转移到一楼，暂避在比较坚固的桌子底下，或厕所、储物间内，抱头蹲下，保护好自己的头部。

在户外，立即离开桥面、高坎、河沿、海边及危险房或活动房，要迅速向龙卷风前进的相反方向或垂直方向逃离，但要远离大树、电杆，就近寻找低洼地面趴下，且应注意是否有水淹的可能。当龙卷风来临，正开车或乘坐公交车时，千万不能开车躲避，也不要在车里躲避，应立即离开车体，到公路旁的低洼地暂避；骑摩托车、自行车时，也要脱离车体，到低洼处趴下。在电杆倒、房屋塌的紧急情况下，应及时切断电源，以防止电击人体或引起火灾。

在公共场所，要服从指挥，有秩序地向指定地点疏散；迅速离开体育馆、音乐厅、剧院等大跨度房屋，或者到其中的小房间躲避；若在商场、医院、学校和工厂，要远离窗户，尽可能下到一层，进入里边的小房间，最好到地下室蹲下；不要使用电梯。

4.2.11　冰雹

冰雹是由积雨云中降落的、一般呈圆球形透明与不透明冰层相间的固体降水，小如豆粒，大若鸡蛋、拳头。它结构坚实，大小不等。气象学中通常把直径在 5 毫米以上的固态降水物称为冰雹，直径 2～5 毫米的称为冰丸，也叫小冰雹，而把含有液态水较多，结构松软的降水物叫软雹或霰。冰雹的形状也不规则，大多数呈椭球形或球形，但锥形、扁圆形以及不规则形也是常见的。

冰雹一般有 3～5 层，最多可达 20 多层，据载，科学家曾打开一个雹体，竟发现有 25 个独立的冰层。通常冰雹直径为 0.5～2 厘米，但也出现过比这大得多的冰雹。

冰雹的形成，必须要有充足的水汽供应和十分强烈的空气对流。它一般出现在发展旺盛的积雨云中。积雨云中上层有水分聚集区，下层云滴抬升后，与中上层冰晶、雪花相碰冻结，形成雹核并增大。雹体随着积雨云中的对流运动上下往复，粒径逐渐变大，重量逐渐增加。直至云中上升气流再也托不住时,就会往地面掉落,如果到达地面时,还是呈固体状的冰粒,就称之为冰雹。

冰雹山区多于平原,内陆多于沿海,中纬度地区多于高、低纬度地区。各地降雹日数年际变化很大,并有明显的季节变化。一年中,长江以南广大地区,每年3—5月降雹最多;在长江以北,淮河流域,四川盆地及新疆的南疆地区,每年4—7月降雹最多;黄河流域及以北地区,以6—10月降雹较多,雹期最长,尤以夏季降雹日最多。多雹区主要在高原和大山区,成带状分布,带宽几到几十千米,长几十千米,最长的有数百千米。

冰雹来势猛、强度大,具有很大的破坏性。冰雹对农业的危害决定于雹块大小、持续时间、作物种类及其发育阶段。在农作物生长季节,可使农作物遭受机械损伤,如在棉花开花期间,会引起蕾铃脱落。较大的冰雹会使所经之处房屋倒塌,树木电杆折断,农作物被毁,甚至危及人畜安全。

当6小时内可能出现冰雹天气,并可能造成雹灾时,气象部门就要发布冰雹预警信号,预警信号分为二级,分别以橙色、红色表示。作为个人,还可亲自识别,一般来说,雹云移动快,云体发黄,有的中间灰暗,常伴有连续不断的沉闷雷声,多有横闪电。当接到预警信号或预感冰雹来临时,要迅速躲到安全地带。

对于冰雹多发地区,可以通过植树种草,绿化荒山,扩大灌溉面积等,调节小气候环境,以减少降雹的次数。还可以通过调整农业结构,适当加大林牧业比重,或者调整作物比例等,来防御雹灾。对于作物生长早期多雹地段,可适当增加再生能力强的作物;对于作物生长后期多雹地段,可增加耐雹力强的作物。另外,还可以通过调整播种期,使最不抗雹的生育期错开多雹时段等;根据灾情、作物种类、生育期等,及时中耕松土,提高地温,追施速效肥并浇水,促进植株恢复生长。有条件的地方,要积极开展人工消雹工作。

人工消雹和防雹,至目前基本上是撒播催化剂和爆炸影响两种方法。撒播催化剂,实际上就是向雹云中大量播入人工雹的胚胎,与原有的胚胎竞相"争食"云中大量水汽,致使每个冰雹都长不大,结果它们降落时,要么化成雨滴,要么成为危害较小的小冰雹。爆炸法,实际上是改变雹云内的垂直气流,通过爆炸造成的强大冲击波,使雹云中的冰雹相互碰撞,大块的撞碎成小块,从而达到减轻冰雹危害的目的。多年来,我国许多地区采用火箭、高炮、飞机作业等消雹方法,取得了良好效果。

4.2.12 霾

霾是指大量极细微的颗粒物悬浮在大气中,使水平能见度小于10千米的空气普遍混浊的现象。霾通常使远处光亮物微带黄、红色,使黑暗物微带蓝色。在我国香港和澳门地区被称为烟霞。

霾和雾虽然相似,但是也有区别。雾是浮游在空中的大量微小水滴或冰晶,相对湿度达到90%以上,较潮湿;霾是大气中细微颗粒物产生的,相对湿度一般低于80%,较干燥。雾颜色较白,霾颜色发暗,或呈灰黄色。

表 4.4　北京地区霾的等级

霾:当空气相对湿度小于等于80%,能见度大于5千米且小于10千米时
中度霾:当空气相对湿度小于等于80%,能见度大于2千米且小于等于5千米时
重度霾:当空气相对湿度小于等于80%,且能见度小于等于2千米时

霾形成的主要原因有两个:一是人类活动所排放的污染物,如排放的机动车尾气,燃烧煤、石油等化学物质产生的废气或颗粒物;二是不利于扩散的气象条件的存在,使得近地面空气层较稳定,风速小,污染物不易稀释、扩散。

在我国,霾主要发生在春、秋和冬季,尤以冬季发生最多。东部多于西部,西半部地区、东北大部及内蒙古、海南年霾日数不足1天,东部其余地区年霾日数一般为1～10天,其中山西中南部、河南中部、江西西北部、广西东北部、云南南部超过20天,以珠江三角洲地区最多。

霾的组成成分非常复杂,有数百种大气化学颗粒物,吸入人体后不易排出,停留在肺泡里。慢性支气管炎和哮喘病人长时间待在霾天里,病情会加剧,还会诱发肺癌。霾可导致近地层紫外线减弱,传染病增多。霾还会使人们心情灰暗压抑,影响心理健康。霾使能见度降低,会引发交通事故。霾还会污染供电系统,造成停电、断电事故。

当 12 小时内可能出现能见度小于 3 千米的霾,或者已经出现能见度小于 3 千米的霾且可能持续,气象部门就要发布霾的预警信号。霾的预警信号分二级,由弱到强分别以黄色、橙色表示。

霾主要损害人的呼吸道,在出现这种天气时,最好待在室内并关闭门窗,尤其是呼吸道疾病患者尽量减少外出;不要在户外晨炼,如果要锻炼,最好选择在午后到傍晚前;外出人员需适当防护,比如,可戴口罩。

骑车时最好减速慢行,听从交警指挥;过马路时要小心,看清来往车辆后再穿越。

在霾天气里,机场、高速公路、轮渡码头等各种交通枢纽单位要加强交通管理。司机不要开快车;要打开前后雾灯,如果没有雾灯,可开近光灯,不要开远光灯;在霾中停车时,要紧靠路边停放,最好开到道路以外,打开雾灯,不要坐在车内。

4.2.13　暴雪

暴雪是指 24 小时内降雪量达 10 毫米以上,且降雪持续,对交通或者农牧业有较大影响的一种灾害性天气。我国新疆、内蒙古草原牧区把这种雪灾又称为"白灾"。

由于来自北方的强冷空气与偏东或偏南的暖湿气流,在某些地区上空交汇,产生辐合上升运动,加上冷空气的抬升作用,使空气上升运动加强,从而形成了深厚的降水云系。一旦有充足的水汽和比较强盛的冷空气,当地就很容易出现大到暴雪天气。

我国每年秋季、冬季和春季,东北、内蒙古、新疆、青海、西藏大部分地区,都会出现不同程度的暴雪天气;有些年份冬季,西北地区东部、华北、江淮、江汉也会降暴雪;少数年份,江南和西南地区中北部会出现暴雪天气。

暴雪会阻断交通,破坏电讯、电力系统。比如,2008 年初的暴雪,覆盖了半个中国,造成输变电设备毁坏,导致大范围电力供应困难;京广铁路无法正常运行,高速公路封闭,机场被迫关闭,大批旅客滞留车站、机场。暴雪通常伴随强寒潮,在牧区,由于积雪过厚,雪层维持时间长,使牲畜采食困难,以致挨饿而掉膘,甚至得病或者受冻而死。在农区,大雪会压垮大棚,甚至房屋;春季积雪过久,会威胁作物返青,冻坏农作物,导致农业歉收或严重减产。

当 12 小时内降雪量将达 4 毫米以上,或者已达 4 毫米以上且降雪持续,可能对交通或者农牧业有影响,气象部门就要发布暴雪预警信号,暴雪预警信号分为四级,分别以蓝色、黄色、橙色、红色表示,并提请相关部门和民众加强防范。

4.2.14　冻雨

雨滴与温度低于 0℃ 的地面或物体碰撞而立即冻结的雨称为冻雨。这种雨滴是温度低于 0℃ 的过冷水滴,其外观同一般雨滴相同,当它落到温度为 0℃ 以下的物体,如电线、树木或地面上时,立即冻结成外表光滑、透明或半透明的冰层。这时,雨滴继续落在结了冰的物体表面上,慢慢下垂,结成条条冰柱。在气象学中将其又称为"雨凇"或者冰凌,有的地方称它为"冰挂"。我国南方一些地区把冻雨叫做"下冰凌",北方地区称它为"地油子"。

冻雨是在特定的天气背景下产生的降水现象。要求近地面存在逆温层,也就是说,大气呈现上下冷、中间暖的状态,自上而下分别为冰晶层、暖层和冷层。在这样的大气层里,上层云中低于 0℃ 的过冷水滴、冰晶和雪花,掉进比较暖的气层,变成液态水滴,再下落,进入近地面的低温层,正准备冻结的时候,由于接触到近地面的冰冷物体,就立即冻结成冰。

我国冻雨,以山地和湖区多见;南方多、北方少;潮湿地区多而干旱地区少;山区比平原多,高山最多。出现冻雨较多的地区是贵州省,其次是湖南、江西、湖北、河南、安徽、江苏,以及山东、河北、陕西、甘肃、辽宁南部等地;新疆北部和天山地区、内蒙古中部和大兴安岭地区东部也会有冻雨出现。

冻雨多发生在冬季和早春时期,主要出现在 1 月至 2 月上、中旬的一个多月内。

冻雨能毁坏电路、阻断交通、压断树木、损毁建筑、冻伤植物和牲畜。在冻雨严重的时候,1 米长电线上的积冰可超过 1 千克,两根相距 40 米电杆上的一根电线,就会增加几十千克的额外负重,加上大风引起的震荡,电线、电杆、铁塔不堪重负,折弯断裂,从而造成电力、通讯的大面积中断。此外,冻雨在马路上形成一层不易发觉的薄冰,容易引发交通事故。

虽然目前还没有冻雨预警信号,但是,它属于低温天气。因此,在冻雨多发季节,当气象部门发布低温冷害、寒潮等灾害性天气预警信号时,最好能做一些防御冻雨的准备工作,不失为一种积极主动的应对措施。

当冻雨发生时,要及时把电线、电杆、铁塔上的积冰敲刮干净;在机场,要及时清理跑道和飞机上的积冰。对于公路上的积冰,及时撒盐溶冰,并组织人力清扫路面。如果发生事故,应在事发现场设置明显警示标志。

在冻雨天气里,人们应尽量减少外出;如果外出,要采取防寒保暖和防滑措施,行人要注意远离或避让机动车和非机动车辆。司机朋友在冻雨天气里要减速慢行,不要超车、加速、急转弯或者紧急制动,应及时安装轮胎防滑链。

4.2.15　道路结冰

道路结冰是指降水,如雨、雪、冻雨,或雾滴,碰到温度低于 0℃ 的地面而出现的积雪或结冰现象。通常包括冻结的残雪、凹凸的冰辙、雪融水或其他原因的道路积水在寒冷冬季形成的坚硬冰层。

道路结冰容易发生在冬季和早春相当长的一段时间内。我国北方地区,尤其是东北地区和内蒙古北部地区,常常出现道路结冰现象。而我国南方地区,降雪一般为"湿雪",往往属于 0～4℃ 的混合态水,落地便成冰水浆糊状,一到夜间气温下降,就会凝固成大片冰块,只要当地冬季最低温度低于 0℃,就有可能出现道路结冰现象。只要温度不回升到足以使冰层解冻,就将一直坚如磐石。

出现道路结冰时,由于车轮与路面摩擦作用大大减弱,容易打滑,刹不住车,造成交通事故。行人也容易滑倒,造成摔伤。2008 年初,我国南方十几个省份持续出现雨雪、冰冻等天气,导致多条高速公路因道路积雪结冰先后封闭,民航机场因飞机跑道、停机坪大量积雪结冰而关闭,人员物资无法运送,对交通造成了严重影响。

当路表温度低于0℃,出现降水,12小时内可能出现对交通有影响的道路结冰时,气象部门会向社会发布道路结冰预警信号。按照出现时间迟早和对交通的影响大小分为三级,分别以黄色、橙色、红色表示。

4.2.16 低温冷害

农作物在0℃以上相对低温环境中受到的伤害称为低温冷害。它有三种类型,一种是在农作物生长期内,因温度长时间偏低,热量不足,使作物生育进程变慢;一种是在农作物处于孕穗、抽穗、开花时期,因温度短时间偏低,使生殖器官的生理功能受阻;还有一种就是上述两种情况同时出现,使农作物受到伤害。

一般来说,低温冷害是由低温、寡照、多雨,或者天气晴朗,但是有明显降温,或者持续低温造成的。

我国的低温冷害有,东北夏季的低温冷害;南方秋季的低温冷害,称为寒露风;华南地区冬季热带作物的寒害;以及全国各地春季使早稻、棉花等春播作物烂秧、烂种的低温冷害,称为倒春寒。

低温冷害是农作物正常生长的天敌,因此,当有可能出现低温冷害天气时,气象部门就要发布低温冷害预警预报信息,提请相关部门,特别是农业部门,以及农民要及时采取应对措施。

怎样预防倒春寒的危害

倒春寒对南方的早稻、棉花以及北方的冬小麦等播种、生长发育影响很大。因此,要注意收听和科学使用倒春寒天气预报,合理安排播种时间,加强田间管理,就可以避免或者减轻倒春寒的危害。比如,抓住天气演变过程中的"冷尾暖头",抢晴播种;对早稻秧田进行科学排灌,在倒春寒到来时进行深水护秧,采取"夜灌日排"、"晴排雨灌",调节秧田水热状况;有条件的地区,可采取温室育秧,使整个早稻育秧过程完全在人工控制下进行,保证培育适龄壮秧。

怎样防御夏季低温冷害

夏季低温是东北地区粮豆生产的一种主要气象灾害。其防御措施有:培育或引进耐寒、早熟、高产良种,不可盲目引进晚熟和中熟品种;采取相应的农业技术措施,如早播、早育苗及育苗移栽、地膜覆盖、增加施肥、加强田间管理等;掌握当地天气气候变化规律,合理安排作物品种布局等。

怎样防御秋季寒露风的危害

寒露风对后季稻的危害主要发生在抽穗开花期,使谷粒不能正常发育,从而造成减产,甚至绝收。因此,要注意应用寒露风长期预报,合理安排生产,在寒露风早的年份可多种些早熟品种,甚至可缩小双季稻的种植面积;晚的年份可多种些晚熟品种。遇上寒露风天气,要采取相应的农业措施,如灌水、喷施根外肥料等,改善农田小气候,以减轻低温的危害。

怎样预防冬季华南热带作物的寒害

我国华南热带作物,如橡胶、椰子等,遇 10℃ 以下,0℃ 以上的低温,植株会枯萎、腐烂或得病,直至死亡,这种现象称为寒害。因此,热带作物要合理布局,比如,可选择在背风向阳的地方;改善小气候环境,比如,热带作物种植区周围可营造防护林;寒害频发地区可选用耐寒的品种;遇冷空气侵袭时可临时覆盖,等等。

对于居民百姓,如果遇上低温冷害天气,要注意添衣保暖。老弱病人,特别是心血管病患者、哮喘病人等对气温变化敏感的人群,尽量不要外出。

4.2.17　寒潮

寒潮是指大范围强冷空气活动引起气温下降的天气过程。我国的寒潮标准是:凡一次冷空气入侵后,使长江中、下游及其以北地区在 48 小时内降温超过 10℃,长江中下游或春秋季的江淮地区的最低气温等于或小于 4℃,陆上有大面积 5 级以上大风,在我国近海海面上有 7 级以上大风,即为寒潮。这个标准是针对全国而言的,由于我国各地气候差异很大,各省气象部门又制定了适合本地区的寒潮标准。

在西伯利亚北部和蒙古高原地区,一年里,特别是秋末到初春,获得太阳光热很少,空气不断变冷,空气密度越来越大,当冷空气积聚到一定程度后,在高空西北气流引导下,便会大规模地暴发南下,就形成了寒潮。

　　我国寒潮主要出现在11月到下一年4月间,秋末、冬初及冬末、初春较多,隆冬反而较少,这主要是由于秋季和春季冷空气活动的次数较多,而冬季冷空气在我国大部分地区处于绝对优势,天气形势比较稳定。我国寒潮发生次数呈现南少北多的态势,东北、华北西北部以及西北、江南、华南的部分地区和内蒙古每年平均发生寒潮在3次以上。

　　冬季,我国常常受到寒潮侵袭。冷空气经关键区南下进入我国的路径一般有三条(图4.6)。

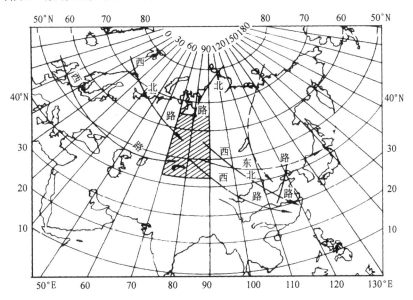

图4.6　影响我国的冷空气源地、路径和关键区(图中斜线区)示意图
(北京华风气象影视信息集团,2005)

　　寒潮产生的灾害性天气包括霜冻、冷害、冻害、大风、暴雪及沙尘暴等,比如,西北和内蒙古常出现的沙尘暴、暴雪,华中、西南出现的冰凌,南方尤其是华南出现的大范围持续阴雨。寒潮对农牧业、交通、电力、建筑,甚至人们的健康会带来危害。

当 48 小时内最低气温将要下降 8℃ 以上,最低气温小于等于 4℃,陆地平均风力可达 5 级以上,气象部门就要发布寒潮预警信号。寒潮预警信号分为四级,分别以蓝色、黄色、橙色、红色表示,提请相关部门和民众加强防范。

4.2.18　霜冻

霜冻与我们通常所说的霜有所区别。霜是指近地面温度降到 0℃ 或以下,空气中的水汽直接凝华在物体上的白色结晶物。而霜冻是指在春季作物进入生长期,或者在秋季作物尚未停止生长的时候,夜间或清晨出现的足以使作物遭受冻害或死亡的短时间的低温天气。出现霜冻时可能有霜,也可能无霜。无霜时突然下降的低温,也会冻伤植物,使植株枯萎、死亡,变成黑色,称为黑霜。

霜冻的发生,一是由于北方冷空气暴发南下,傍晚或阴云密布的夜间偏北风很大,使叶温降到 0℃ 以下而造成的;一是由于晴朗无风夜间植物表面强烈辐射散热而引起的,前者称风霜,后者称静霜或晴霜。霜冻也可以在上面两方面因素共同作用下发生。通常,在晴朗、无风、低温的条件下容易发生霜冻。地形对霜冻的强度和持续时间也有很大的影响,在低洼的盆地和谷地,霜冻更容易出现。

霜冻分为秋霜冻和春霜冻,大体上对应初霜冻和终霜冻,初霜冻为每年入秋之后第一次出现的霜冻,终霜冻为每年春季最后一次出现的霜冻。一般来说,我国初霜冻出现日期北方比南方早,西部比东部早;终霜冻结束日期则相反,南方比北方早,东部比西部早。

我国霜冻出现日数由北向南逐渐减少。青藏高原、东北及新疆东北部、内蒙古出现霜冻日数最多,全年在 180 天以上。华南南部,包括两广南部沿海及海南岛,长年无霜冻或很少有霜冻。

霜冻是一种严重的农业气象灾害。从机理上来说,霜冻是使植物的细胞内与细胞间隙中的水分结冰,致使细胞脱水,同时发生机械损伤,造成植株变色枯萎或死亡。有霜冻时,人体也可能出现冻伤。

当 48 小时内地面最低温度将要下降到 0℃ 以下,对农业将产生影响,或者已经降到 0℃ 以下,对农业已经产生影响,并可能持续,气象部门就要发布霜冻预警信号。霜冻预警信号分三级,分别以蓝色、黄色、橙色表示,提请相关部门和民众加强防范。

4.2.19　强对流天气

强对流天气,是指发生突然、移动迅速、天气剧烈、破坏力极大的灾害性天气,主要有雷暴大风、冰雹、龙卷风、局部短时强降雨和飑线等。

强对流天气发生于对流云系或单体对流云块中,在气象上属于中小尺度天气系统,空间尺度小,一般水平范围大约在十几千米至二三百千米,有的水平范围只有几十米至十几千米。其生命史短暂并带有明显的突发性,约为一小时至十几小时,较短的仅有几分钟至一小时。

飑线　气象上所谓飑,是指突然发生的风向突变,风力突增的强风现象。而飑线是指风向和风力发生剧烈变动的天气变化带,沿着飑线可出现雷暴、暴雨、大风、冰雹和龙卷等剧烈的天气现象。它常出现在雷雨云到来之前或冷锋之前,春、夏季节的积雨云里最易发生。飑线多发生在傍晚至夜间。

龙卷风　它是一种强烈的、小范围的空气涡旋,是由雷暴云底伸展至地面的漏斗状云产生的强烈的旋风,其风力可达12级以上,最大可达100米/秒以上,一般伴有雷雨,有时也伴有冰雹。其形成和发展同飑线系统等没有本质上的差别,只是龙卷风更严重一些。

冰雹　它是从雷雨云中降落的坚硬的球状、锥状或形状不规则的固体降水。常见的冰雹大小如豆粒,直径2厘米左右,大的有像鸡蛋那么大(直径约10厘米),特大的可达30多厘米以上。通常产生在系统性的锋面活动或热带气旋登陆影响过程中,但也有局部性的。冰雹一般多出现在春夏之交。

雷暴大风　指在出现雷暴天气现象时,风力达到或超过8级($\geqslant$17.2米/秒)的天气现象。有时也将雷暴大风称作飑。当雷暴大风发生时,乌云滚滚,电闪雷鸣,狂风夹伴强降水,有时伴有冰雹,风速极大。它涉及的范围一般只有几千米至几十千米。雷暴大风常出现在强烈冷锋前面的雷暴高压中。

短时强降水　它是指短时间内降水强度较大,其降雨量达到或超过某一量值的天气现象。这一量值的规定,各地气象台站不尽相同。

强对流天气灾害是因发生强对流天气而造成的灾害,大体上可将其归纳为风害、涝害、雹害。强对流天气发生时,往往几种灾害同时出现,对国计民生和农业生产影响较大。因为这种天气历时短、天气剧烈、破坏性强,若以风速估计该类天气的能量,则一个强对流风暴的平均能量可达 108 千瓦·时,大约相当于 10 多个原子弹爆炸时具有的能量。世界上把它列为仅次于热带气旋、地震、洪涝之后第四位具有杀伤性的灾害性天气。

强对流天气来临时,经常伴随着电闪雷鸣、风大雨急等恶劣天气,致使房屋倒毁,庄稼树木受到摧残,电信交通受损,甚至造成人员伤亡等。

由于强对流天气突发性强,成灾种类多,破坏力大,常造成严重灾害,目前尚无有效办法人为削弱及防治,因此,要采取预防为主、防救结合的策略。

(1)建立抗灾夺稳产的农林牧结构和措施

①建立抗灾夺稳产的农林牧结构。在多强对流天气灾害发生的地方,特别是山区需大力种草种树,封山育林,绿化荒山,增加森林覆盖率,做好水土保持,减少水土流失,有可能减少空气的对流作用,以减轻强对流天气灾害的发生,农区增加林牧业比重,并增加种植抗强对流天气灾害和复生力强的作物比例;在强对流天气灾害多发区,多种根茎类作物。在关键生育期错开强对流天气灾害多发时段。成熟作物要及时抢收。

②植树造林,绿化环境,巩固建筑物,以防雷雨大风、龙卷风等风害,改变生态环境,防止土壤沙漠化,保护水源,疏导沼泽。

③作物受灾后需及时采取补救措施。强对流天气灾害发生后,作物除遭受机械损伤外,还有许多间接危害,因此,应根据不同灾情,不同作物,不同生育期的抗灾能力等,及时采取补救措施。

④培育优良的抗强对流天气灾害的作物品种,提高作物抗灾能力。

(2)建立、健全防灾系统

①当发现强对流天气将发生时及时发出警报。迅速将强对流天气可能出现的预报传达至各有关地区、有关单位;通过广播、电视、高频电话等及时传递。

②兴修水利,清理沟渠,疏通水道,整治脏、乱、差,以防强降水造成内涝积水。

③人工消雹。方法有二种:一是将碘化银或碘化铅等催化剂通过地面燃烧或飞机播撒方式投入到成雹的积雨云中,增加积雨云中的雹胚,使其形成小雹,不易长成大雹。二是爆炸,采用高射炮、火箭、炸药包等向成雹的积雨云轰击,引起空气的强烈振动,使上升气流受到干扰,从而抑制雹云的发展,同时也能增强云中云滴间碰并的机会,使一些云滴迅速长成雨滴降落。

(3)提高强对流天气的预报水平和加强对强对流天气系统的理论研究

①提高强对流天气的预报水平

首先要对强对流天气的产生和移动作好预测预报,可利用气象雷达监测,加强气象台、站联防来预报强对流天气的发生,监视它的活动,还可利用气象卫星连续拍摄的云图照片,对强对流天气发生、发展、移动及消亡进行探索、追踪,配合天气形势图分析,有助于判断强对流天气出现地区的预测预报,从而可提高强对流天气的预报水平;及时发布预报信息,以便在强对流天气出现以前采取必要的防御措施。

②加强对强对流天气系统的理论研究工作

如,加强对强对流天气成因的机理研究,加密监测强对流天气网点,更新监测手段;建立防灾减灾计算机指挥系统,尽快应用于抗灾救灾工作,提高应变能力,对强对流天气灾害进行系统整理,并建立强对流天气数据库和灾情库,及时为领导决策和采取措施提供准确的灾情资料。

4.2.20　凌汛

冰裂为凌,水涨为汛,洪水推动冰凌,组成了凌汛。显然,凌汛是江河中的冰凌对水流产生阻力而引起的江河水位明显上涨的现象。通俗地说,就是水面有冰层,且破裂成块状,冰下有水流,带动冰块向下游运动,当河堤狭窄时冰层不断堆积,造成对堤坝的压力过大,即为凌汛,俗称冰排。冰凌有时可以聚集成冰塞或冰坝,造成水位大幅度地抬高,最终漫滩或决堤,称为凌洪。在冬季的封河期和春季的开河期都有可能发生凌汛。

产生凌汛的自然条件取决于河流所处的地理位置及河道形态。在高寒地区,河流从低纬度流向高纬度,在河道形态呈上宽下窄,弯曲回环的地方出现严重凌汛的机会较多。通常将冰冻的江河开封"苏醒"叫开河。但是并不是所有的河冰都斯斯文文地解冻,让河流顺利开河,有时候解冻来得很快,特别是气温猛升或水位暴涨,大块冰凌汹涌而下,这样就容易造成凌汛。科学家们给这两种河流开河方式起了很有趣的名字,对于慢慢解冻的开河方式叫"文开河",对于迅速解冻容易引起冰凌的开河方式叫"武开河"。不难看出,江河由南向北的流向,是造成"武开河"特定的地理因素。冬季,下游降温早,先结冰。下游结冰后,冰层产生了阻水作用,过水断面缩小,影响了泄水能力。这样就把一部分水憋在上游河道,水位随之升高。春季,处于低纬度的上游升温早,开河由上而下进展。当上游的冰水向下游传播时,遇上较窄河段或河道转弯的地方往往被卡住,加上下游仍在"沉睡"中的坚硬厚实的冰层的阻挡,使得冰凌沿河道横向堆积,犹如一道拦河大坝(称为冰坝),它截拦了大量冰水,使水位迅猛上涨,以致造成漫滩。冰借水势,水助冰威,冰凌前哨,更如一台巨型的推土机,势不可挡,会使下游堤防及其附近的建筑物,耕地等受到严重摧残,特别是冰凌对桥墩威胁最大。因此,从凌汛缘自于下游回暖迟于上游来看,在冬末春初常会发生凌汛的。

我国黄河及其以北的一些较大河流,都有可能在冬末春初发生凌汛。

黄河上游从宁夏到内蒙古的河套段和下游在山东入海的地方,由于河段北流,经常出现凌汛。黄河山东河段,1875—1938年的63年间,发生过74次凌汛决溢,给两岸人民造成深重的灾难。仅在利津县,就因凌汛决口,黄河五次改道入海,淹没无数村庄。黄河内蒙古河段,在解放前,几乎年年都发生程度不等的凌汛灾害。1933年,蹬口县境内大冰结坝,河水出槽,两岸150千米的范围内变成了一片汪洋。近年来,黄河内蒙古巴盟段也出现过几次凌汛水灾,如1993年3月16—20日,乌拉特前旗河段五天内有两处凌汛决口,口宽分别为10米,15米,溃水落差1.5米,淹没15平方千米内6个村庄。1995年杭锦后旗有三处溃堤决口,其中一个村庄全部被淘进了黄河里,瞬间便无影无踪。

松花江是我国第二条盛发凌汛的河流。依兰县以下几乎年年出现冰坝,历年最高水位的30%～50%出现在凌汛期间。1981年就发生了一次淹毁耕地1万公顷的特大凌汛。

黑龙江虽然是由高纬度流向低纬度的江河。但在1985年,上游突然升温,出现了"倒开江",在千余里的江段上,耸起冰坝16座,漠河、塔河、呼玛三县遭到了凌汛危害。

一般来说,产生凌汛,一是有冰期的河流,二是从较低纬度流向较高纬度的河段,且较明显的南北流向。我国黄河在宁夏和在山东境内的河段都有凌汛现象,东北的河流在满足上述条件时也同样会出现凌汛现象。

危害有:①冰塞形成的洪水危害。通常发生在封冻期,且多发生在急坡变缓和水库的回水末端,持续时间较长,逐步抬高水位,对工程设施及人类有较大的危害。

②冰坝引起的洪水危害。通常发生在解冻期。常发生在流向由南向北的纬度差较大的河段,形成速度快,冰坝形成后,冰坝上游水位骤涨,堤防溃决,洪水泛滥成灾。

③冰压力引起的危害。冰压力是冰直接作用于建筑物上的力,包括由于流冰的冲击而产生的动压力,由于大面积冰层受风和水剪力的作用而传递到建筑物上的静压力及整个冰盖层膨胀产生的静压力。

因此,采取各种措施预防凌汛,成为我国北方河流沿岸地区的一项重要防汛工作。

首先,发生凌汛,要以水为动力,所以防凌汛应着眼于治水,为了抗御凌汛,就必须加固大堤,建分凌闸,当凌汛来临时可将过量的冰水分洪到水库或引向规定的分凌区域内,以化险为夷。对于容易卡冰的弯窄河道,在治水的同时,应及时进行爆破冰坝,开通河道,让滚滚冰凌一泻而下。1970年元旦过后,天气转暖,黄河河南省段开始解冻,几千万立方米的冰凌随水而下。此时济南附近河道仍然结着厚厚的冰层,上游涌来的冰块堆积在这里,形成一个巨大的冰坝。1月下旬,冰水陡涨3~4米。1万多名防凌队员上堤加高大堤,解放军工兵实施爆破,人们冒着零下十几度的严寒,连续奋战三昼夜,炸开拦河冰坝,凿出10多千米长的通道,将凌汛引向下游,保住了济南市。

我们也不难看出,气温变化是形成凌汛的根本原因,因此,做好天气预报,并按照预报事先做好防凌汛准备工作,就可以减轻或避免凌汛带来的损失。2002年2月19日,内蒙古巴盟气象局根据前期气温持续偏高而造成黄河内蒙古巴盟段封河期覆盖冰层较薄的情况,发出预报,预计黄河巴盟段开河早于往年十多天,首开日期为2月下旬到3月初,引起当地各级领导的高度重视,积极安排和部署防凌汛工作。正如气象部门预报所言,黄河巴盟蹬口段于2月25日首开,冰凌顺利通过第一处险关——三盛公水利枢纽工程,流量由两天前的400立方米每秒猛增至800立方米每秒。至3月12日巴盟段全部开通的16天中,防汛指挥部综合气象等部门的意见,向19处险段紧急增拨防凌汛物资,安排人员日夜巡视守护大堤,又申请防凌轰炸机两次在空中巡查凌汛情况,由于多方协力,积极配合,巴盟境内长达345千米的黄河大堤,安然渡过了2002年春季凌汛期。

4.2.21　风暴潮

风暴潮是一种灾害性的自然现象。由于剧烈的大气扰动,如强风和气压骤变(通常指台风和温带气旋等灾害性天气系统)导致海水异常升降,使受其影响的海区的潮位大大地超过平常潮位的现象,称为风暴潮。

风暴潮根据风暴的性质,通常分为由台风引起的台风风暴潮和由温带气旋引起的温带风暴潮两大类。

台风风暴潮,多见于夏秋季节。其特点是:来势猛、速度快、强度大、破坏力强。凡是有台风影响的沿海地区均有台风风暴潮发生。

　　温带风暴潮,多发生于春秋季节,夏季也时有发生。其特点是:增水过程比较平缓,增水高度低于台风风暴潮。主要发生在我国北方海区沿岸。

　　有人称风暴潮为"风暴海啸"或"气象海啸",在我国历史文献中又多称为"海溢"、"海侵"、"海啸"及"大海潮"等,把风暴潮灾害称为"潮灾"。风暴潮的空间范围一般由几十千米至上千千米,时间尺度或周期约为 1～100 小时。

　　我国是世界上两类风暴潮灾害都非常严重的少数国家之一,风暴潮灾害一年四季均可发生,从南到北所有沿岸均无幸免。

　　1992 年 8 月 28 日至 9 月 1 日,受第 16 号强热带风暴和天文大潮的共同影响,我国东部沿海发生了 1949 年以来影响范围最广、损失非常严重的一次风暴潮灾害。潮灾先后波及福建、浙江、上海、江苏、山东、天津、河北和辽宁等省、市。风暴潮、巨浪、大风、大雨的综合影响,使南自福建东山岛,北到辽宁省沿海的近万千米的海岸线,遭受到不同程度的袭击。

　　防御风暴潮灾害主要有工程措施以及监测预报和紧急疏散计划等非工程措施。前者是指在可能遭受风暴潮灾害的沿海地区修筑防潮工程,如沿海提防、挡潮闸等。

4.2.22　空间天气灾害

　　如同地球大气中存在着千变万化的天气现象并与人类的生存发展息息相关一样,太空中也存在着所谓的"空间天气"。

　　空间天气是指瞬间或短时间内发生在太阳表面、行星际太阳风、磁层、电离层和热层大气中,可以影响人类在地面及其以上所使用的技术系统的正常运行,危害人类活动、健康和生命的"天气"条件或状态。空间天气关心的是"太阳风",即来自太阳的高能粒子流。空间天气没有阴晴之分,但有太阳和地磁场的平静与扰动之别,空间天气不太关心"冷暖",特别注意的是太阳紫外线和 X 射线的变化……

　　如同天气有好有坏一样,空间天气也有好坏之分。当空间天气变化十分剧烈时,会对人类技术系统乃至人类身体产生严重影响,这种空间天气称为灾害性空间天气,它可以使卫星提前失效乃至陨落,通信中断,导航、跟踪失误,电力系统损坏,危害人类健康。太阳活动的突然增强和地球空间能量的积蓄和释放,是灾害性天气发生的主要因素。通常分为太阳风暴和地球空间暴两大类型。太阳风暴是指由太阳上的各种爆炸性活动(如太阳黑子大量增多)以及太阳风变化而引发的各种现象;地球空间暴是指地球空间内各区域的场和粒子处于剧烈的扰动状态,如磁暴等。

空间天气监测已经从只在地面利用仪器对太阳和地球磁场进行观测发展到利用人造地球卫星或空间飞行器进行长时间的不间断监测,空间天气灾害的预报包括太阳爆发性活动预报、行星际空间天气灾害预报、地球空间天气灾害预报等。

在灾害性空间天气出现前或者发生期间,中国气象局国家空间天气监测预警中心会及时发布空间天气灾害预警信息,提请相关部门单位以及公众及时采取必要的防御措施。

对于卫星发射来说,应选择在空间天气较为平静的时候发射;针对不同的空间天气,卫星管理部门要对卫星上各种仪器的工作模式进行调整。宇航员应选择在空间天气较为平静的时候出舱;如果出现灾害性空间天气,宇航员不要出舱,已经出舱的,要及时回到舱内。

飞机应避免飞越高纬地区,而且飞行高度要合适。

对于高压输变电系统,在强烈磁暴期间,尽量避免满负荷运行,要调低长距离输送电流的大小,随时监控是否有异常电流产生,以防止因磁暴引起的变压器过载,导致变压器烧毁。

通信部门要调整通信频率,以保证通信的畅通。

石油部门要对石油输送管道内的补偿电流进行调整,使得磁暴引起的地磁感应电流对石油管道的腐蚀最小。

地质勘探部门最好不要进行高精度的电磁勘测工作。

建议取消野外考察,正在进行的野外考察,如果迷失方向,应立刻发出求救信号。

尽量停止信鸽的野外训放和各类信鸽比赛,以减少信鸽不能归巢带来的损失。

　　要提前知道空间天气预警信息,有以下几种方法:首先,可以拨打电话010—68406943,向国家空间天气监测预警中心咨询。或者通过电视、广播、报纸、互联网、手机短信等获得预警信息。还可以察看空间天气预警信号警示装置,如警示牌、警示旗、警示灯等。也可以登陆气象网站,如 www.cma.gov.cn,www.spaceweather.gov.cn,www.weather.com.cn 等。

太阳风

　　太阳风是一种连续存在的,来自太阳并高速运动的物质粒子流。这种物质虽然与地球上的空气不同,不是由气体的分子组成,而是由更简单的比原子还小一个层次的基本粒子——质子和电子等组成,但它们流动时所产生的效应与空气流动十分相似,所以称它为太阳风。当然,太阳风的密度与地球上的风的密度相比,是非常非常稀薄而微不足道的。太阳风虽然十分稀薄,但它刮起来的猛烈劲,却远远胜过地球上的风。在地球上,12级台风的风速是每秒32.5米以上,而太阳风的风速,在地球附近却经常保持在每秒350～450千米,是地球风速的上万倍,最猛烈时可达每秒800千米以上。太阳风有两种:一种持续不断地辐射出来,速度较小,粒子含量也较少,被称为"持续太阳风";另一种是在太阳活动时辐射出来,速度较大,粒子含量也较多,这种太阳风被称为"扰动太阳风"。扰动太阳风对地球的影响很大,当它抵达地球时,往往引起很大的磁暴与强烈的极光,同时也产生电离层骚扰。

　　太阳风虽然猛烈,却不会吹袭到地球上来。这是因为地球有着自己的保护伞——地球磁场。地磁场把太阳风阻挡在地球之外。然而百密一疏,仍然会有少数漏网分子闯进来,尽管它们仅是一小撮;但还是会给地球带来一系列破坏。它会干扰地球的磁场,使地球磁场的强度发生明显的变动;它还会影响地球的高层大气,破坏地球电离层的结构,使其丧失反射无线电波的能力,造成人类的无线电通信中断；它还会影响大气臭氧层的化学变化，并逐层往下传递，直到地球表面，使地球的气候发生反常的变化，甚至还会进一步影响到地壳，引起火山爆发和地震。太阳风对地球的影响，只是乘虚而入的漏网分子所为。由此可见，在无所阻拦的星际空间，太阳风的威力有多大了。

地球磁场和磁暴

地球是一个巨大的天然磁体，地磁场对人类的生产、生活都有重要意义。行军、航海利用地磁场对指南针的作用来定向。人们还可以根据地磁场在地面上分布的特征寻找矿藏。值得指出的是，假如没有地磁场，从太阳发出的强大的带电粒子流（通常叫太阳风），就不会受到地磁场的作用发生偏转而直射地球。在这种高能粒子的轰击下，地球的大气成分可能不是现在的样子，生命将无法存在。所以地磁场这顶"保护伞"对我们来说至关重要。

不过，电磁场最容易对神经系统、免疫系统、内分泌系统和生殖系统产生影响。在电磁场的作用下，神经系统内细胞间的信息传递系统失灵，大脑的整个工作瘫痪，最后导致行为变异、失忆和对周围发生的事件无法进行正确的判断。免疫系统的改变会产生过敏反应，降低身体的抗感染力。除此之外，近些年还发现电磁场容易致癌。内分泌系统受到电磁场的影响，会降低人体对外界环境的适应能力。据世界卫生组织专家们得出的结论，一个表面看上去健康的孩子暴死的综合征、艾滋病、慢性疲劳和精神萎靡可能是电磁场对人体影响的结果。尤其是孩子对电磁场的不良影响最为敏感。世界卫生组织1996—2000年的"电磁场与人的健康"国际科学规划指出，诸如癌症、行为发生变化、失忆、帕金森和老年性痴呆、艾滋病以及包括自杀率上升等其他诸多现象都可能是电磁场影响的结果。

既然电磁场的影响无法避免,那能不能哪怕稍稍减少呢?首先是尽量少在产生电磁场的电器旁工作,或者把这些电器摆在稍远一些的地方。其次是加强运动,努力激活体内的细胞,保持其旺盛的生命力,也就是说,最大限度地提高它们对病毒、细菌和辐射的抵抗力。

一般来说,地磁要素的变化是很小的,但是跟太阳活动有密切联系的磁暴现象,却发生得十分突然。磁暴是指全球性的强烈地磁场扰动。这是因为太阳黑子活动剧烈的时候,放出的能量相当于几十万颗氢弹爆炸的威力,同时喷射出大量带电粒子。这些带电粒子射到地球上形成的强大磁场迭加到地磁场上,使正常情况下的地磁要素发生急剧变化,引起"磁暴"。发生磁暴时,地球上会发生许多奇异的现象。在漆黑的北极上空会出现美丽的极光。指南针会摇摆不定,无线电短波广播突然中断,可能干扰电工、磁工设备的运行;磁暴还有可能干扰各种磁测量工作。依靠地磁场"导航"的鸽子也会迷失方向,四处乱飞。人处在磁暴中会出现血压突变,头疼,心血管功能紊乱等症状。

4.3 防灾减灾三原则九字诀

综观人类发展史,就是一部不断与自然灾害作斗争的历史。不难认为,灾害与人类同存共在,减灾防灾应一如既往。

目前,人类还没有能力来减轻或消除气象灾害源的强度,不过,可以通过一些方法改变灾害源的能量,比如人工消雹,分洪滞洪。其实,减轻气象灾害主要是对灾害采取避防和保护性措施,包括灾害监测和预报、防灾、抗灾、救灾和灾后重建,尤其是在"预防为主,防抗结合"的方针指导下,建立预警机制,动员全社会力量,共同努力,做好"灾前防,灾中抗,灾后救"。

灾前防是指根据气象灾害的前兆,气象部门做出气象灾害的预报预警,相关部门有针对性地制定防灾对策,落实防灾措施。还包括增强人们防灾意识和软硬件工程建设的长期性工作。

灾中抗是指在灾害发生时指挥系统根据抗灾决策和措施及时采取抗灾行动,也包括居民在气象灾害发生期间采取的应急避险措施。

灾后救是指气象灾害发生后相关部门迅速开展灾情调查评估、筹款筹物救济灾区、恢复生产重建家园等工作,也包括气象灾害发生以后(包括灾害期间)对由灾害给人体造成的伤害进行及时有效的抢救。

我国劳动人民在与气象灾害的长期斗争中,积累了不少经验,可概括为九字原则。

一是学。要学习各种气象灾害及其避险知识。

二是备。做好个人、家庭物资准备,建议家庭必备十项防灾器材:清洁水、食品、常用药物、雨伞、手电筒、御寒用品和生活必需品、收音机、手机、绳索、适量现金。如有婴幼儿,还须准备奶粉、奶瓶、尿布等婴儿用品。如有老人,要为老人准备拐杖、特需药品等。尤其要增强防灾心理素质,面对灾害,不必过于紧张、惊慌、恐惧,要乐观,尽量放松自己,更不要对外来救助失去信心。还有,灾前要选好避灾的安全场所。

三是听。通过正规渠道,如电视、广播、报纸、121电话、车上天气警报显示、手机短信等,及时收听(收看)各级气象部门发布的灾情信息,不可听信谣传。

四是察。密切注意观察周围环境的变化情况,一旦发现某种异常的现象,要尽快向有关部门报告,请专业部门判断,提供对策措施。

五是断。在救灾行动中,首先要切断可能导致次生灾害的电、煤气、水等灾源。

六是抗。灾害一旦发生,要有良好心态,坦然面对,不要恐惧、紧张、惊慌,要乐观,召唤大家,进行避险抗灾。更不要对外来救助失去信心。

七是救。利用已经学过的一些救助知识,组织大家自救和互救,比如在大水、大火中逃生的自救和互救;利用准备的药品,对受伤生病者进行及时抢救;还要注意做好卫生防疫工作。

八是保。除了个人保护外,积极参加防灾保险,比如,人身意外伤害保险,农作物保险等,以减少经济损失。

　　九是练或演。社区街道办事处、居委会以及乡村党支部、村委会根据本地区气象灾害特点，与相关部门配合制定气象灾害应急避险预案，在气象灾害频发季节到来之前，检查措施落实情况，并组织进行防灾练习或演习。

4.4　报警电话和求救信号简介

　　紧急报警电话全国统一为：匪警"110"、火警"119"、医救"120"。拨打这三个电话，不用拨区号并免收电话费；投币、磁卡电话不用投币插磁卡。切记不要开玩笑或因好奇而随便拨打。

　　如何拨打"110"报警电话

　　(1)拨通"110"电话后，应再追问一遍："请问是'110'吗?"一旦确认，请立即说清楚发案、灾害事故或求助的确切地址。

　　(2)简要说明情况。如果是求助，请说清因为什么事；如果是发生了案件，则说明歹徒的人数、交通工具和作案工具等情况。

　　(3)如果是灾害事故，请说清灾害事故的性质、范围和损害程度等情况。说清自己的姓名和联系电话，以便公安机关与你保持联系。

　　(4)如果歹徒正在行凶，拨打"110"报警电话时要注意隐蔽，不让歹徒发现。

　　如何拨打"119"火警电话

　　(1)拨通"119"电话后，应再追问一遍对方是不是"119"，以免打错电话。

　　(2)准确报出失火的地址(路名、弄堂名或胡同名、门牌号)。如说不清楚时，请说出地理位置，说出周围明显的建筑物或道路标志。

　　(3)简要说明由于什么原因引起的火灾及火灾的范围，以便消防人员及时采取相应的灭火措施。

　　(4)不要急于挂断电话，要冷静地回答接警人员的提问。

　　(5)电话挂断后，应派人在路口接迎消防车。

　　如何拨打"120"医救电话

　　(1)拨通"120"电话后，应再问一句："请问是医疗救护中心吗?"以免打错电话。

（2）说清需要急救者的住址或地点、年龄、性别和病情,以利于救护人员及时迅速地赶到急救现场,争取抢救时间。

（3）说清自己的姓名和联系电话号码,以便救护人员与你保持联系。

在野外,利用电信手段迅速向有关部门单位报告遇灾情况并请求救助。在没有无线电通讯设备的时候,可以利用物件及时发出易被察觉的求救信号。

①光信号:白天用镜子借助阳光,向求救方向,如空中的救援飞机反射间断的光信号;夜晚用手电筒,向求救方向不间断地发射求救信号。

②声响求救:采取大声喊叫、吹响哨子或猛击脸盆等方法,向周围发出声响求救信号。

③堆砌成 SOS 字样:在山坡上用石头、树枝或衣服等物品堆砌成 SOS 或其他求救字样,字母越大越好。

④放烟火:在白天,可用潮湿的植物燃烧,形成浓烟。在夜间,燃烧干柴,发出火焰。

⑤颜色求救:穿着颜色鲜艳的衣服,戴一顶颜色鲜艳的帽子;或者摇动色彩鲜艳的物品,如彩旗、用色彩鲜艳的布包裹的棒子等,向周围发出求救信号。

国际通用的山中求救信号是哨声或光照,每分钟 6 响或闪照 6 次,停顿一分钟后,重复同样信号。

4.5　灾害性天气带来的不仅仅是破坏

我国《老子》中有句名言:"祸兮福之所倚,福兮祸之所伏。"非常清楚而简明地告诉我们,灾祸里面有幸福的因素依附着,幸福之中有灾祸的因素隐藏着,生动地道出了灾害的两重性。

人类的诞生就应该感谢气候变化。那是在几百万年前的第四纪,由于喜马拉雅山和阿尔卑斯山的崛起,改变了整个大气的运动状态,使得全球气候突变,气温骤降,迎来了全球性的冰河时期。随着热带森林的缩小枯萎,那些勇敢地走出世代居住森林的猿类,为了生存,需要直立行走,需要用火和制造工具,从而加速了从猿到人的演化进程。

其实,人类社会发展史就是一部同自然灾害,包括气象灾害作斗争的历史。人们逐渐地认识到灾害的两重性,有其有害于人类的一面,也有其有利于人类的一面,事物总是这样,自然规律就是这样,为此,人们学会趋利避害,使得人类社会不断发展着。

4.5.1 假如没有台风

提起台风,人们一定会立马儿想到狂风暴雨和海上的滔天巨浪,面对拔树倒屋,是否会想,假如世界上没有台风,那该多好啊!

那么,假如没有台风,又会怎样呢?

假如没有台风,我国东南沿海盛夏季节气温将会猛升,持续的高温会造成农作物热死,人畜中暑。身居这些地区的人们在骄阳似火的夏季,盼望着台风的光临。因为台风带来的暴雨,会使气温骤然降低,让人们顿感凉爽舒适。可见,台风在盛夏消除"热害"中起着一定的作用。

假如没有台风,我国沿海城市和海岛就可能闹水荒。弄得不好,东南沿海地区会出现沙丘成垄的干旱地区景象,鱼米之乡的江南沃野就可能不存在了。可以说,台风带来的滂沱大雨滋润着处于伏旱下的大地,让庄稼喜得甘露。所以可以认为,台风频繁出没的沿海地区土地肥沃,植被茂盛,台风是功不可没的。

可见,有了台风,它把海洋中巨大的能量迁往陆地,循环调节着地球大气,保持着地球上热量的平衡,更给人类送来大量的淡水资源。

人类不必也不可能"消灭"台风,应该是认识台风,掌握其运动规律,趋利避害,进而利用台风。

4.5.2 雷电也有功劳

一提起闪电、打雷,人们就会联想到刺眼的闪电和震耳的雷声带来的种种危害,比如击伤击死人畜,引起森林火灾,破坏电信设备……

然而,雷电也有对人类有利的一面,往往还没有被人们所重视呢。

雷电可以制造氮肥。雷电发生时产生的高温高压,可以使大气中的氮和氧化合成二氧化氮,溶解在水里变成硝酸盐,落到土壤里能被植物直接吸收。可以说,每次雷雨相当于向田野里撒了一次氮肥。有人计算过,每年每平方千米的土地上有 100~1000 克闪电形成的化肥进入土壤。

雷电可以帮助找矿。利用闪电偏爱打击容易导电的物体的特性,可以作为寻找金属矿床的线索之一。这是因为土层覆盖着的地下矿物导电性能比土层下的岩石要好,所以矿物会像避雷针一样把闪电吸引到它这一边来,而土层覆盖着的岩石那一边总也不出现闪电。

闪电还能产生臭氧,起到净化空气的作用。所以雷雨过后我们会感到空气格外新鲜。在大气中臭氧大量消耗、臭氧层日渐变薄的今天,闪电补充新的臭氧,显然又是雷电的功劳之一。

另外,对于气象工作者和爱好气象的人们来说,雷电现象还可以用来预示未来的天气。比如谚语"东闪日头西闪雨";"南闪火门开,北闪有雨来"。意思是,看到西边或北边有闪电,那么产生闪电的雷雨云不久就有移到本地的可能;如果只是东边或南边有闪电,表示雷雨云已经移走了,本地天气将会转好。

4.5.3　暴雨总是"被告"吗

暴雨,可导致山洪暴发,冲毁堤坝,淹没村庄,使千里沃野成为一片汪洋。因此,自古以来,人们就把暴雨同人类的痛苦和灾难联系在一起,1975 年 8 月河南特大暴雨和 1998 年长江暴雨让我们难以忘怀。所以说暴雨站在被告者的位置上应该是合情合理的。

然而,人是离不开水的,更确切地说,人是离不开淡水的。大气降水则是这种淡水的重要来源之一。特别是暴雨,因为它雨量大,赐给人类甘霖的功劳应该得到确认,这种恩惠是不可低估的。

当天气严重干旱、土地龟裂、农作物和花草树木将要枯萎的紧要关头,人们多么盼望雨快点从天而降,即使下场暴雨,人们也会欣喜若狂。如前所说,在江南伏旱季节,台风暴雨可以使那些没有灌溉条件的"望天田"免受干旱的威胁,也给闷热难耐的人们送来一阵丝丝凉意,从"桑拿房"中解救出来。

我国北方七八月份的暴雨,往往能使干涸的水库蓄满水,而且对秋熟作物健康生长至关重要,兴许能换来一个金色的秋天。

此外,暴雨还可以补充地下水源,提高地下水位,防止沿海城市地基下沉。

不难看出,暴雨虽然会造成洪涝灾害,但是,它又是一种重要的水资源,特别是对十年九旱的我国北方来说,更是水资源的主要来源之一。

如何使暴雨从被告席上走下来,变为有利于人类的水资源,关键在于根据天气预报,科学地及时就地蓄积雨水,这对北方来说,尤为重要。

4.5.4　为霜鸣不平

千百年来,人们常说"霜打万顷枯",于是,对这该死的霜,冠以"杀霜"之恶名。

果真如此吗? 其实不然。

前面我们介绍了霜和霜冻不是一回事。霜是一种天气现象,霜冻不是天气现象,而是一种生物学现象。由霜和霜冻的定义不难看出,霜不过是冻(即低温)的一种表象,真正杀死作物的凶手是形成霜的低温。

从水的相变角度来看,霜不但危害不了作物,却会在一定程度上减轻霜冻的危害。这是因为当水汽直接变成冰(即霜)时,要放出热量,从而减缓气温下降的速度,也就能减轻作物体内水分冻结的程度。在霜后的阳光照射下,霜消融时又要吸收热量,这就间接地减缓气温回升的速度,使得作物细胞间冰块不致于融化过快而被大量蒸发掉了,却能有一部分融化的水分慢慢地被细胞吸收,从而有利于受冻的作物慢慢复生。

如果没有霜,即不会有减缓气温下降(或回升)的热量,作物受害的情况就大不一样了。夜间降温,作物细胞间冰块会增大很快,使细胞受到机械压缩而损伤,甚至导致作物死亡。白天气温急剧上升,会使细胞间的冰块迅速融化成水,在还没有被细胞逐渐吸收前就被大量蒸发了,从而造成作物枯萎,甚至死亡。显然,应该把没有霜出现时的情况(即黑霜)叫杀霜才对呢。

另外,霜点缀秋色,给人类描绘出一个流金世界。

　　还有,如农谚"霜打蔬菜分外甜",更让我们感到霜那有利的一面。这是由于容易形成霜的深秋降温,使得植物光合能力减弱,有机酸的合成受到抑制,而植物体内的有机酸,一部分被消耗掉,一部分转化成了糖和芳香酯,加上其他生化反应,使蔬菜和秋果涩去甜来,味道变得香甜可口。

4.5.5　严寒亦有争议

　　寒冬腊月,大股冷空气呼啸南下,导致气温急剧下降,出现冰天雪地天气,使得许多人遭受冻伤,患上感冒,对农作物和牲畜的危害就更大了。

　　因此,有人会想,要是没有寒潮,那该多好啊!然而,事物总是一分为二的,我们可不能忽视它从另一方面给人们带来的好处。

　　寒潮南下造成的低温,使我国南方接近热带地区的冬小麦,能够顺利通过春化阶段,正常开花结果;由于剧烈降温,使一些害虫和病菌不能得以过冬;寒潮带来的积雪,能保护雪下的作物安全过冬,开春后雪融化还可以减轻干旱。

　　再说严寒天气出现的冰冻现象,也是有功劳的。且不说结冰的江河湖海是天然的滑冰场,由于冰比水轻,浮在水面的冰能使深层的水与严寒隔绝,不会彻底冻结,使得鱼虾能够存活下来,从而出现北方钻冰捕鱼作业方式。对于农业来说,土壤冻结时,由于冰的膨胀能使土层龟裂,空隙增大。解冻后,土壤就会变得比较疏松,有利于空气流通和提高水分渗透性,同时,这一冻一化,又能促进土壤养分的释放,便于农作物吸收;冻结还能使下层水分向上扩散,增加耕作层的水分贮存量,这对于北方十年九春旱地区的农业生产是十分有利的。

　　此外,严寒的冬季,出于本能的御寒要求,使北方许多动物生长出了名贵的毛皮,冰下的鱼类积累了丰厚的脂肪,这些也不能不说是寒冷的功劳。

4.5.6　另眼七看沙尘暴

　　一提起沙尘暴,人们就会联想到出门睁不开眼、满身是土的情景。

它的危害,乃是有目共睹,沙尘暴通过强风、沙埋、土壤风蚀和空气污染,对人类的生产和生活造成严重的不良影响。

但是,事物都是一分为二的,沙尘暴作为一种不以人的意志为转移的自然现象,也并非"有百害而无一利"。客观地说,沙尘暴给人类带来的也不都是危害,也有一些积极而"善良"的一面。

另眼一看:净化空气

沙尘一方面污染空气,一方面也能净化空气。您可能会感觉到,沙尘暴过后,尘埃落定的天空是很洁净、很晴朗的。原因是,沙尘在降落过程中可以吸收人类活动如工业烟尘和汽车尾气中的氧化硫等物质,能把空气中的杂质沉淀下来,从而起到了过滤空气的作用,使空气变得干净一些。

另眼二看:缓解酸雨

如所周知,我国北方地区工业很发达,工厂和交通工具排放的硫氧化物和氮氧化物数量也绝不比常降酸雨的南方许多大城市少。可是,北方除了个别城市以外却很少有酸雨发生。这是因为北方常有沙尘天气出现,而沙尘含有丰富的钙等碱性阳离子,这些外来的和地面扬起的碱性沙尘都能有效地中和能够形成酸雨的空气中上述的一些酸性物质,从而使我国北方免受或少受酸雨之苦。

另眼三看:抑制全球变暖

沙尘暴的沙尘气溶胶,首先,它像一把阳伞阻挡太阳辐射进入地球表面,也就是所谓"阳伞效应";其次,沙尘粒子还可以作为云的成冰核影响云的形成、辐射特性和降水,产生间接的气候效应,被称为"冰核效应",这些效应在一定程度上可以抑制因大气温室效应增强所造成的全球气候变暖现象。

另外,沙尘粒子含有海洋生物必需的、也是海水中常常缺乏的铁和磷,落到海洋中的沙尘粒子可使其铁含量增加,从而有助于海洋生物生长。海洋中浮游生物的增加,能消耗大量的二氧化碳,从而使大气中的二氧化碳浓度降低,间接地起着抑制因大气温室效应增强所造成的全球气候变暖现象,进而能够降低全球的温度。由于铁来源于大陆的沙尘,这种现象被称为所谓的"铁肥料效应"。据估计,每年从中国沙漠输入太平洋的矿物尘土大约为 6000 万～8000 万吨。

　　另眼四看：造就夏威夷

　　夏威夷远离大陆，是海底火山喷发后的熔岩凝结而成的。那么，夏威夷上蕴育无限生机的土壤来自何处？

　　科学家经过收集空气中肉眼看不见的细小尘粒，取样化验后证实，造就夏威夷最初的养料来自遥远的欧亚大陆内部。两地相隔万里，普通的风无法把内陆的尘埃吹到这么遥远的地方。是沙尘暴，把细小却包含养分的尘土携上 3000 米高空，飘洋过海，穿越时空隧道，一点点地沉降下来。可以说，没有沙尘暴，也就没有北太平洋上最璀璨的明珠——夏威夷。

　　上述造就夏威夷只是一例。再如南美的亚马逊盆地，由撒哈拉沙漠每年因沙尘暴向亚马逊盆地东北部输入的沙尘量约 1300 万吨，相当于该地区每年每公顷增加 190 千克的土壤。

　　另眼五看：造就黄土高原

　　大家都知道，黄土高原这方皇天厚土，是中华民族得以繁衍生存的摇篮，衍生了五千年中华民族的古代东方文明，延绎了名震全世界的黄河流域灿烂文化，成为了五千年华夏文明文化乃至人类古文明文化的发祥地。然而，它的形成，与沙尘暴有着一定的关系。

　　古时候，印度板块向北移动与亚欧板块碰撞后，印度大陆的地壳插入亚洲大陆的地壳之下，并把后者顶托起来。从而喜马拉雅地区的浅海消失了，喜马拉雅山开始形成并逐渐升高，青藏高原被印度板块的挤压作用隆升起来了。

　　然而东西走向的喜马拉雅山挡住了印度洋暖湿气流的向北移动，久而久之，中国的西北部地区越来越干旱，中亚地区年降水量逐渐减少，气候日趋干燥。干燥地区气温日较差较大，夜冷昼热，岩石逐渐物理风化成为砂粒，日久天长，就形成了大面积的沙漠和戈壁，成为了能够堆积起黄土高原的那些沙尘的发源地。另外，体积巨大的青藏高原正好耸立在北半球的西风带中，把西风带的近地面层分为南北两支。南支沿喜马拉雅山南侧向东流动，北支从青藏高原的东北边缘开始向东流动，这支高空气流常年存在于 3500～7000 米的高空，成为了搬运沙尘的主要动力。与此同时,从西北吹向东南的东亚冬季风与西风急流一起,又加强了这种搬运效应,从而把地面刮到高空的粉尘及细粒顺风输送到东部地区,漫天漫地洒下来,日积月累,从而形成了我国大约40万平方千米面积巨大、一层一层土粒物理化学性质却又十分相近的黄土高原。

值得一提的是,在至少240万年的历史中,黄土高原经历过多次快速的"变脸",即经过草原、森林草原、针叶林以及荒漠化草原和荒漠等多次转换。也就是说,黄土高原在最初的时候并不姓"黄",黄土高原,从"峰峦叠翠,万树森蔚"到"千沟万壑,光山秃岭",在黄土高原由河流切割而成的沟壁上出露了不同颜色的层层黄土,可以说,它书写出了一部史前到近代悲怆嬗变的自然生态演变史。

另眼六看:拉动产业经济发展

沙漠使创造新经济和提供新生计成为可能。比如,在沙漠发展水产业和利用适于干旱地区生存的动植物开发新型药物、草药和工业品已经成为人们日益增长的兴趣所在。而沙漠蕴藏的巨大太阳能,如果被合理有效地用于产生动力,那么对减少使用化石燃料将是一个极大的贡献。

再说构成沙漠的沙子,它的主要元素是硅,是玻璃工业和硅电子工业的主要原料,沙子更是建筑不可缺少的。大自然真是鬼斧神功,沙尘暴可谓是"愚公移沙",由于沙尘暴的作用,从而大大降低长途运输沙子的成本。一位出租车司机师傅曾风趣地说,提起沙子生意就特别好,一天都不会空车,要是每天都有沙尘暴,汽油涨价咱也不怕了。

如此看来,作为沙尘暴沙源的沙漠,一直以来被人们看做是贫瘠的荒地的观点需要改变了。

另眼七看:促进旅游事业发展

中国西北地区的大漠戈壁正在"变身"为具有魅力的旅游热线。从腾格里沙漠边缘的宁夏中卫沙坡头,到毛乌素沙漠边缘的银川沙湖;从甘肃的敦煌,到与之相连的巴丹吉林沙漠,游人络绎不绝。他们顶着烈日在沙漠里"冲浪",开着越野车感受沙漠探险的刺激。如今,我国西北各省区相继打出"中国沙漠旅游基地"、"中国沙漠旅游城市"的品牌战略,把沙漠旅游变成自己的拳头产品,充分整合区域旅游产业要素,实现沙漠旅游形态由单一观光旅游向观光休闲度假、影视、探险等综合旅游的转变。不难认为,以沙漠自然景观发展起来并渐渐繁荣的旅游业已经并将继续给这些荒漠且贫穷的地区带来美好的前景和希望。

比如,"响沙"是沙漠的一种奇异现象,也是一种珍稀、罕见、宝贵的自然旅游资源。我国目前发现的"响沙"有三处,除内蒙古鄂尔多斯高原上的库布其沙漠里的银肯响沙外,还有宁夏中卫沙坡头响沙和甘肃敦煌响沙。这些地方的沙子,只要受到外界撞击,或脚踏、或以物碰打,都会发出雄浑而奇妙的"空—空—"声。人走声起,人止声停。而且,不同季节的沙响,会给您不同的妙音感受,春如松涛轰鸣,夏似虫鸣蛙叫,秋比马嘶猿啼,冬像雷鸣划破长空。因此,人们风趣的将"响沙"称作"会唱歌的沙子"。神秘的"沙歌"现象吸引着中外游客纷至沓来。

响沙现象除出现在沙漠地区外,海滩、湖滨也不乏其例。"响沙"是沙丘处在特殊地理环境下出现的一种自然现象,也引起了科学工作者的极大兴趣。然而,关于响沙的成因却是众说纷纭,科学工作者进行过多次科学考察,得出的成因理论有摩擦静电说,地理环境说,"共鸣箱"理论等,可谓莫衷一是,都不能算是完满的解释,"响沙"之谜仍在探索之中。

4.5.7　从春华到秋实离不开夏热

夏天,特别是入伏以后,面对高温天气,人们不禁会认为,夏热真难耐啊!

高温天气确实能给农业生产带来一定损失。因为高温加上干旱,会引发早稻逼熟、晚稻无法播种的现象。

夏热真的是一无是处吗?宋代戴复古《大热》诗中有这样的话:"君看百谷秋,亦是暑中结"。诗中的"百谷秋"和"暑中结"把夏热的作用说得再清楚不过了。

人们用"春华秋实"来形容事物的因果关系。其实,夹在春季和秋季之间的夏季,体现着一种承前启后、生命交替的旺季特征。这个衔接春与秋的夏季三个月,时间虽然不长,可使命十分繁重,凭着夏的热烈和勤奋,在暑气的蒸腾下,才使春的希望变成秋的现实,春华化为秋实。不难得出这样的结论,不热不长,不热不大。正是跟着太阳威力的增加,温度的升高,作物才长大的。农业气象学告诉我们,以水稻为例,其生长发育迅速而良好的最佳适宜温度为 30~32℃,这不正好就在夏季嘛!20℃为水稻安全抽穗、开花的界限温度,若低于 20℃,水稻抽穗和灌浆速度显著变慢,从而造成减产,这就是农业上所谓的冷害现象。

当然,如果夏天气温太高,如前所述,对农作物生长是不利的。农业气象学又告诉我们,水稻可能受到危害的最高上限温度为 36~38℃,如果在早稻抽穗开花前遇上超限温度时,只要采取适当措施,比如灌水降温,是可以防御早稻被高温逼熟的。

夏热是可贵的。有农谚曰:"春争日,夏争时"。有人这样形容四时八节的农事活动:春日载阳,耕耘播种,忙中似乎总带几分悠然;秋收遍地金谷,节奏似如牧歌般舒缓;惟有夏管,才真如西班牙舞般飞旋。这就难怪我国民间很早就把夏季 6 个节气排得满满的:立夏播秧,小满栽禾,芒种补种,夏至种瓜,小暑打谷,大暑收禾。这是因为"春种一粒粟,秋收万颗籽",如果没有夏热期间的努力,哪能有这样的结果呢?

总而言之,夏天不像春之温暖,秋之凉爽,关键就是那个"热"字,正是它的热烈,它的勃发,才有"春华秋实"的结果。

4.6 怎样识别、使用和获得气象灾害预警信号

为了规范气象灾害预警信号发布与传播,防御和减轻气象灾害,保护国家和人民生命财产安全,依据《中华人民共和国气象法》、《国家突发公共事件总体应急预案》,中国气象局于 2007 年 6 月 11 日发布《气象灾害预警信号发布与传播办法》。

本办法所称气象灾害预警信号(以下简称预警信号),是指各级气象主管机构所属的气象台站向社会公众发布的预警信息。预警信号由名称、图标、标准和防御指南组成,分为台风、暴雨、暴雪、寒潮、大风、沙尘暴、高温、干旱、雷电、冰雹、霜冻、大雾、霾、道路结冰等。

根据不同种类气象灾害的特征、预警能力等,确定不同种类气象灾

害的预警信号级别。预警信号的级别依据气象灾害可能造成的危害程度、紧急程度和发展态势一般划分为四级：Ⅳ级（一般）、Ⅲ级（较重）、Ⅱ级（严重）、Ⅰ级（特别严重），依次用蓝色、黄色、橙色和红色表示，同时以中英文标识。

Ⅳ级（蓝色）：预计将要发生一般（Ⅳ级）以上突发气象灾害事件，事件即将临近，事态可能会扩大。

Ⅲ级（黄色）：预计将要发生较大（Ⅲ级）以上突发气象灾害事件，事件已经临近，事态有扩大的趋势。

Ⅱ级（橙色）：预计将要发生重大（Ⅱ级）以上突发气象灾害事件，事件即将发生，事态正在逐步扩大。

Ⅰ级（红色）：预计将要发生特别重大（Ⅰ级）以上突发气象灾害事件，事件会随时发生，事态正在不断蔓延。

气象灾害预警信号可以通过以下途径获得：

（1）主动拨打气象服务热线电话 4006000121 或向当地气象台咨询。

（2）登陆气象网站，如 WWW. CMA. GOV. CN，WWW. WEATHER. COM. CN 等专业气象网站。

（3）通过电视、广播、报纸、互联网、手机短信等手段获得预警信息。

（4）察看预警信号警示装置，如警示牌、警示旗、警示灯等。

当你通过各种媒体获得这类信息后就要引起注意，如果是看到黄色以上预警信号后更要高度警惕，做好各种避险准备，尤其是当听到橙色和红色预警信号时，建议居民最好待在家中，如果是危房应该迅速离开，转移到安全地带暂避一下，或等待救援。户外活动特别是水上或者高空作业要停止。

第五章 天气预报

天气预报是气象工作中极其重要的组成部分。气象工作的宗旨就是服务,天气预报是气象服务的主要手段之一。

5.1 天气预报是怎样做出来的

每天的电视天气预报节目只有两三分钟,预报结论也很简短,话语不多。然而,作出这样的结论,有一个复杂的过程,大致分为四个步骤,即观测——数据收集——分析——预报。概括起来说,气象人员根据各地气象观测站探测得来的地面、高空气象资料,绘制成各种天气图表,再结合从气象卫星上接收的卫星云图以及气象雷达探测得来的回波资料,进行综合分析,然后进行天气会商,好比医院的"会诊",大家各抒己见后,由值班预报员归纳,综合作出每一次的天气预报。

首先作出天气形势预报,再根据预报的天气形势作出具体的气象要素的预报,包括温度、湿度、风、降水和强烈天气等。

(1)天气预报的时效

天气预报按预报时效可以划分为 0～2 小时临近预报,2～12 小时短时预报,12～48 小时短期预报和 48～240 小时中期预报。

(2)天气预报的方法

天气预报技术方法,主要有传统的天气图方法、数值天气预报以及统计订正方法。

传统的天气图预报方法是预报员利用天气图等各种图表,基于天气系统过去的演变历史,主观地根据物理学原理、天气学概念模型和个人经验对天气系统今后的演变进行外推,来预测未来天气的变化。实际上,天气图预报是一种半经验性的预报方法。

　　数值天气预报是以流体力学、大气动力学、热力学理论为基础,以计算数学和电子计算机为实现手段的近代天气预报方法。它假定大气遵循上述这些学科中的一些基本规律,按照诸如物体受力改变运动状态,压力增大空气团压缩增温等的物理学基本定律,根据大气运动的特点,列出反映这些物理规律的数学方程式(即天气预报方程组),然后依据一些已知条件(即现在观测到的大气中的风向、风速、气压、温度、湿度等,所有这些称为初始条件),来解这一方程组,求出未来的大气风、压、温、湿等的分布情况。为了使用电子计算机来作天气预报,需要把方程组转化为加、减、乘、除的四则运算方案,并把它译成"机器语言"(即计算命令),连同初始条件、边界条件一起输入电子计算机,这好像让未来的天气,事前在"实验室"(计算机)里"预演"一样,让计算机既迅速又可靠地完成天气预报任务。

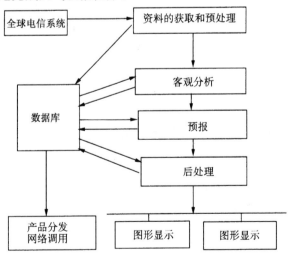

图 5.1　数值天气预报流程示意图
(北京华风气象影视信息集团,2005)

统计预报方法是利用统计数学进行天气预报的一种客观方法,它是根据大量的历史气象资料,从复杂的天气现象和气象要素中,找出与预报对象相关关系密切的因子,作为预报依据,然后采用一定概念的统计方法,将选择的因子与预报量之间建立客观联系,找出统计规律,以此来预测未来天气。

5.2　号称"顺风耳"的天气雷达

蝙蝠在黑暗里能够绕过障碍物,自由飞翔,靠的不是眼睛,而是它的耳朵。当蝙蝠离开窝巢后,发出一种波,遇到物体会反射回来,蝙蝠用自己的耳朵接收这种回波,可以判断出障碍物的位置,从而使自己不至于撞到物体。

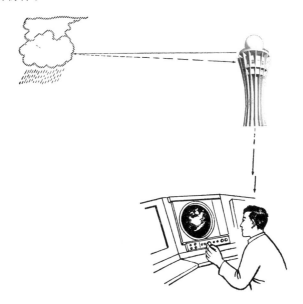

图 5.2　天气雷达测云雨示意图

天气雷达工作原理与蝙蝠在夜间飞行的道理是类似的。天气雷达工作时,发出一种波,在传播过程中,遇到云层、雨滴等就会反射回来,气象工作者接收这种回波,反映在显示屏上就是亮点或亮斑(图5.2)。根据回波的性质和形状,便可测知在几十到几百千米之外所遇到的云雨的方位和位置,也可分析出降水的性质和降水强度。

科学家考虑这种装置是用无线电的方法来发现并测定空间目标物位置的,就取其英文表达词组的缩写"radar"的音译"雷达"作为这套系统的名称,因此雷达是一个外来语,它的实际意思是"无线电探测与测距"。

人们又发现声波在传播中如果遇到运动着的物体时存在着声调变化的现象,即发出的声波与接收到的回波频率间有一个差值,这个差值与物体的运动速度有关,这种现象是由多普勒发现的,所以叫多普勒效应,利用这个道理制成的雷达叫多普勒雷达,它不仅能探云雨位置和强度,更能探测大气中的运动情况。

5.3　从太空向下看云彩的气象卫星

长期以来,人们从地面向上看云,自从20世纪60年代以后,人们发明了气象卫星,它可以在云层之上,从太空来看云彩了。

气象卫星是在太空沿着固定的轨道运行,它远在几百千米,甚至几万千米的大气层之外的太空,不是把温度表、湿度表、风向标等气象仪器放在大气中来直接感应大气的温度、湿度、风等,而是通过卫星上携带的探测仪器,接收来自地球的被测目标(比如云、陆地、植被、海洋)发射或反射的电磁辐射信息来间接地检测出地球大气状况的。

目前气象卫星有两类,一类叫极轨气象卫星,在它运行中,每条轨道都经过地球南北极附近的上空,距地面高度为800～1000千米,每天围绕地球运行14圈,即每天可以对世界各地巡视两次,也就是说,对某地而言,每12小时就能被极轨气象卫星"侦察"一次。

另一类叫静止气象卫星。它位于地球赤道上空36000千米的高度上,由于它围绕地球旋转的角速度与地球自转的角速度相同,看上去好像"静止"在赤道上空似的。它的观测面积约占地球表面的三分之一,即以卫星星下点为圆心,大约50个经纬度的圆形区域。它每半小时或更短一点时间可以"拍摄"约 1.7 亿平方千米面积的一张云图。

我国自 1988 年开始有了自己的气象卫星,风云一号和风云三号属于极轨气象卫星,风云二号属于静止气象卫星。

(a)

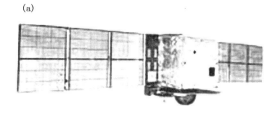

(b)

(c)

图 5.3 我国自行研制和发射的气象卫星
((a)风云一号;(b)风云二号;(c)风云三号)

怎样看卫星云图

目前,在电视天气预报节目中,一般先播放一下卫星云图,那么,怎么看卫星云图呢?

卫星云图是绕地球运行的气象卫星在太空自上而下"拍摄"的云层顶部的图像。

目前卫星云图有可见光云图和红外云图两大类。可见光云图与我们所用的照相机类似,是利用云层反射太阳光而成像的,其黑白程度反映反射太阳光能力的大小。白色表示反射能力强,代表着地表面为积雪、冰冻的湖泊和海洋,或者很厚的云层;黑色或灰色表示反射能力弱,代表着地表面为海洋、湖泊或陆地上大面积森林覆盖区。

图 5.4　风云一号 A 星第一幅彩色合成图像

红外云图与可见光云图不同,它是气象卫星上携带的辐射仪接收来自地表面发射的人眼看不见的红外辐射的办法来"成像"的。云图上的黑白程度反映被测物体温度的高低。黑色表示温度高,如白天的沙漠,温暖的水面;白色表示温度低,如冰雪、云层等。

至于电视天气预报节目中出现的彩色云图,那是人们利用先进的图像处理技术,给黑白的云图穿上了五颜六色的"花衣服"。这是由于人的视觉对彩色的分辨能力比对黑白的识别能力要强得多,而且人们看彩色图像比看黑白图像要舒服一些。于是,气象工作者在计算机上对黑白云图进行彩色加工,使它更接近于人们的视觉习惯。比如,在云图上,海洋区域用蓝色表示,植被区域用绿色表示,白色则表示天空中飘浮着的朵朵白云,或者积雪,这就更加形象地表现出了大自然的"实际状况"。特别是云图上的白亮区域,哪里越白亮,表示哪里的云层就越厚,可能那里正乌云密布,雷电交加,下着倾盆大雨呢。

5.4 与天气预报有关的几个名词术语

5.4.1 天气图

众所周知,军事指挥员离不开作战地图,在这图上,用红蓝两种颜色分别描绘作战双方的兵力部署、所占地盘以及进攻(或后退)方向和路线。指挥员凭借这种图,就会对未来战争的发展做到心中有数。

气象工作者为了识别阴晴冷暖,同"老天爷"打交道,也"别出心裁"地发明了一种类似于军事地图的图,取名叫天气图。

天气图就是一种填绘了各地同一时刻天气实况的地图,一般经过观测、通信、填图、分析四道工序制作出来的。在天气图上,除填有各地在同一时刻的观测资料外,还要描绘出等值线,定出天气系统,标出降水、大风等天气区,而且要用不同颜色的铅笔勾画出来。比如地面天气图上冷锋、暖锋、静止锋、锢囚锋分别用蓝色、红色、紫色实线绘出,低压和高压中心处分别写上红色汉语拼音字母 D 和蓝色汉语拼音字母 G。降水区用绿色、雷暴区用红色、雾区用黄色、大风或沙尘暴区用棕色,勾画出其范围。

天气图有地面天气图和高空天气图之分。地面天气图用于分析大范围地区某个时刻的地面天气系统和大气状况,在其上分析高低压系统,确定锋的位置,标出天气现象所在的位置以及影响范围。高空图用于分析高空的天气系统和大气状况,比如高空低压槽、高压脊等。

5.4.2　天气系统和天气形势

在地面天气图上,把气压相等的点连结起来所成的曲线叫等压线。在高空等压面图上,把高度相等的点连接起来所成的曲线称为等高线。而把气温相等的点连接起来所成的曲线叫等温线。

通过分析等压线、等高线,可明显地绘出高压、低压、锋以及低压槽、高压脊等的位置,通常把这些能够反映天气变化和分布的具有典型特征的大气运动系统称为天气系统。而把天气系统相互联系与制约的形势称为天气形势。气象工作者在作天气预报时,首先要对天气系统进行分析,并作出天气形势预报。

5.4.3　气团

我们都有这样的感觉,在冰天雪地的地方,空气非常冷;在南方热带地方,空气都比较热,气象学中就把不同性质地球表面上的物理性质

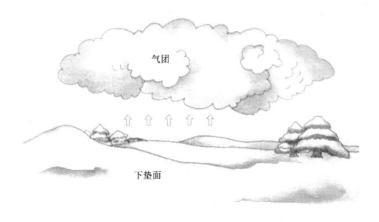

图 5.5　气团生成于特定的环境中,气团是肉眼看不见的

(李宗恺,1998)

比较均匀的大块空气,称为气团。气团因其最初所在的地区(称为气团的源地)不同而具有不同的性质。按其冷热特征可分为冷气团和暖气团两大类。在移动过程中,能使所经之地变冷,而本身却逐渐变暖的气团叫冷气团。相反,在移动过程中,能使所经之地变暖,而本身却逐渐冷却的气团,叫暖气团。一般形成在冷源地区的气团是冷气团,形成在暖源地区的气团是暖气团。两种气团相遇,温度低的是冷气团,温度高的是暖气团。

5.4.4　锋

当我们听天气预报广播时,有时会听到"冷空气前锋"已经到达某地这样的话。这里的"前锋"是气象学中的一个名词,简称锋。它是冷暖两种气团之间的交界面,实际上是一条狭窄的过渡带。这好比两军对阵的前沿地带。冷暖气团交锋的界面叫锋面,锋面与地面的交线称为锋线,习惯上统统称为锋。在锋附近,空气运动特别活跃,天气变化最为激烈,常常产生大风、降水等恶劣天气,气象要素差别也最明显。

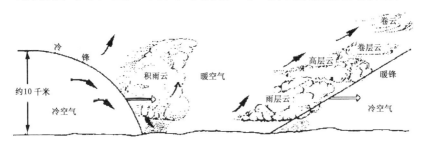

图 5.6　锋面示意图(北京华风气象影视信息集团,2005)

在冷暖气团的矛盾斗争中,当冷气团起主导作用,推动暖气团,而使锋面向暖区一侧移动,这种锋面称为冷锋。当暖气团在矛盾斗争中起主导作用,推动冷气团,而使锋面向冷气团一侧移动,这种锋面称为暖锋。当冷暖两个气团势均力敌,暂时强度相当,交锋区也很少移动,这种锋面称为静止锋。其实静止锋并不是一直静止不动的,而是随着冷暖气团势力的变化稍有南北摆动,因此又称为准静止锋。还有一种复杂的矛盾运动形式,它是暖气团、冷气团、更冷气团三种不同性质的气团互相依存又互相斗争的结果。它是由冷锋追上了暖锋,或者是相向而行的两条冷锋相遇,把原来的暖气团抬挤到空中而形成的锋,气象上称这样的锋叫锢囚锋。

5.4.5　低压(气旋)和高压(反气旋)

在地面天气图上,气象工作者要制作等压线,就是把气压相等的点连结起来。有时会出现等压线闭合的区域,如果闭合中心气压比周围的高,就叫高压,否则叫低压。我们知道,水往低处流,空气和水一样,也是从气压高的地方往气压低的地方流动。由于受地球自转对空气所产生的偏向力等作用,空气不是直线性地而是像时针旋转那样从高压流向低压,气象上把中心气压比四周低的水平涡旋叫气旋。在北半球气旋区域内空气作反时针方向流动,在南半球则相反。而把中心气压比四周高的水平涡旋叫反气旋。在北半球反气旋区的空气作顺时针方

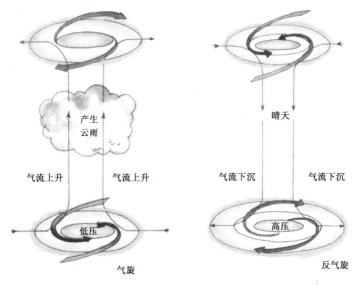

图 5.7　低压(气旋)和高压(反气旋)高低空形势图

(李宗恺,1998)

向流动,在南半球则相反。低气压和高气压是从气压场(气压分布状态)的特征说的。气旋和反气旋是从流场(气流分布状态)的特征说的,实际上两者是相通的。所以气象工作者习惯地把气旋称为低压,反气旋称为高压。

受气旋影响时,一般常常有雨、雪或大风,或是彤云密布的天气。而受反气旋控制时,冬季多晴冷天气,夏季多晴热天气,春秋季则多风和日丽和秋高气爽的天气。

5.4.6 副热带高压

气象部门通常把产生在广大副热带地区(北纬及南纬 $20°\sim40°$)的稳定少动的暖性高压,称为副热带高压。位于西太平洋地区和西藏高原地区的副热带高压通常称之为西太平洋副高和西藏高压,简称副高;由副高区延伸出来的狭长区域,称副热带高压脊;副热带高压的边缘地区称为副高边缘;副高脊中各条等高线曲率最大处的连线,称为副高脊线。

当一地受副高或副高脊控制时,一般多晴热天气。这是因为副高是由空气从更高层的高空下沉到低空形成的,这时低层的空气受到压缩,温度就会升高,这正像我们给自行车打气一样。空气在打气筒内被压缩而发热,使筒壁也会发热。这样,空气在下沉的过程中。随着温度的升高,也就把中低层空气中的水汽逐渐蒸发掉了,因此出现了晴好天气。

5.4.7 低压槽和高压脊

在天气形势报告中,有时会出现"低压槽"和"高压脊"字样。它们都是天气图上的气压系统,表示大范围地区气压分布情况,由此可分析预测未来天气晴雨状况。在天气图上,从低气压中有时会向外延伸出来一个狭长部分,这个凸出的部分气压比两侧低,就像水槽一样,中间低两侧高,在气象上称为低压槽。一个地区受低压槽影响时,大多会产生降水等天气。

类似于低压槽,天气图上高压区等压线不全是一圈一圈形成圆形或椭圆形的,有时也会出现从高压中心向外凸出的部分,中间高,两侧低,就像山脊似的,在气象上就称为高压脊。一般来说,在高压脊处,由于高空空气下沉,多数是晴好少云的天气。

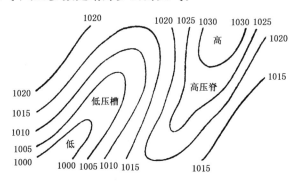

图 5.8　低压槽和高压脊示意图(《十万个为什么》编写组,1971)

5.4.8　切变线

切变线是指在风场里的一种不连续线,就是说,在该线两侧风向(有时风速)不一致,而且风向多呈气旋性(即逆时针方向)变化,从而导致气流辐合。电视天气预报中所说的切变线,主要是指高空(一般系 3000 米高空,即 700 百帕等压面上)切变线,多呈东西方向,它常常与地面静止锋相配合,通常带来连阴雨天气,比如初夏时节江南与江淮之间出现梅雨天气时,往往在江淮一带高空存在着一条长长的东西向切变线。

5.4.9　干冷气流和暖湿气流

顾名思义,干冷气流就是气流中水汽含量较少且气温较低的比较干燥而寒冷的气流。它的源地,多在寒冷的北极和西伯利亚高寒地带。秋冬季节,干冷气流引导极地及其附近地区的冷气团呼啸南下,所经之地,狂风大作,风雪交加。当其引导冷空气南下进入我国时,常造成我国北部大部分地区乃至全国的强冷空气甚至寒潮天气。夏季,干冷气流所引导的冷空气南下,会给经受酷暑的人们带来丝丝凉意。

　　暖湿气流是指温度较高且水汽较多的位于 1500～5500 米高空的偏南气流。它的源地,多在常夏无冬的热带洋面上。它的生、消、进、退决定着我国的降水分布及强度,它是为降雨区输送高温、高湿、水汽的输送带。向我国大陆输送水汽的暖湿气流有三个来源:来自孟加拉湾的西南暖湿气流、来自南海的偏南暖湿气流和来自西北太平洋西部的东南暖湿气流。

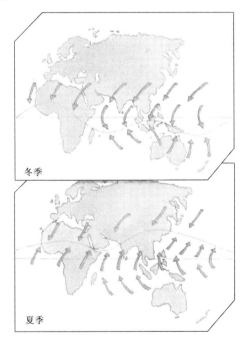

图 5.9　干冷气流和暖湿气流示意图
(李宗恺,1998)

　　干冷气流和暖湿气流汇合处就是降水天气频繁发生之地。冬季,那里是风雪交加;而夏季,此处则是电闪雷鸣,暴雨频频。盛夏,当暖湿气流十分强盛,而没有冷空气时,在暖湿气流控制下的地区,气温高,湿度大,人们闷热难耐;冬季,长期受干冷气流控制地区,北风凛冽,天寒地冻,人们寒冷难挡。

5.5　天气预报用语简介

为了便于使用和管理,对天气预报中使用的一些术语,如预报时段,预报的气象要素等,都有严格的规定。

5.5.1　时间用语

白天:08—20 时(北京时,下同)

凌晨:03—05 时

早晨:05—08 时

上午:08—11 时

中午:11—13 时

下午:13—17 时

傍晚:17—20 时

夜间:当日 20 时—次日 08 时

上半夜:20—24 时

下半夜:次日 00—05 时

半夜:23 时—次日 01 时

5.5.2　天空状况用语

(1)晴天、少云

晴天:天空无云,或有零星的云块,但中、低云云量不到天空的 1/10,或高云云量不到天空的 4/10。

少云:天空有 1/10~3/10 的中、低云,或有 4/10~5/10的高云。

(2)多云、阴天

多云:天空云量较多,有 4/10~7/10 的中、低云,或有 6/10~8/10 的高云。

阴天:中、低云云量占天空面积的 8/10 及 8/10 以上,或天空虽有云隙但仍有阴暗之感。

5.5.3　温度用语

(1)今天最高温度

指今天白天出现的最高气温。受太阳辐射的影响,最高气温一般出现在下午 14 时左右。

(2)明晨最低温度

指第二天早晨出现的最低气温,一般出现在清晨 06 时左右。

(3)明天最低温度

由于受冷空气影响等原因,有时最低气温不是出现在明天早晨,而是出现在明天白天,气象台站往往用"明天最低气温"这个用语。

5.5.4　降水用语

(1)降水性质

零星小雨:降水时间很短,24 小时降雨量不超过 0.1 毫米。

阴有雨:降雨过程中无间断或间断不明显的现象。

阴有时有雨:降雨过程中时阴时雨,降雨有间断的现象。

阵雨:是指雨势时大、时小、时停,雨滴下落和停止都很突然的液态降水。

雷阵雨:指降水时伴有雷声或闪电。

毛毛雨:指稠密、细小而十分均匀的液态降水,下落情况不易分辨,看上去似乎随空气微弱的运动飘浮在空中,徐徐下落。迎面有潮湿感,落在水面无波纹,落在干地上只是均匀地润湿地面而无湿斑。

局部地区有雨:指降水地区分布不均匀,有的地方下,有的地方不下。

雨夹雪:在降水时,有雨滴同时夹带雪花。

雨转雪:当时下雨,不久将转变为降雪。

冻雨:又称雨凇。指过冷却液态降水碰到地面物体后直接冻结而成的坚硬冰层,呈毛玻璃状,外表光滑或略有隆突。

(2)降水量级

表 5.1 降雨量级和雨量对照表

	小 雨	小—中雨	中 雨	中—大雨	大 雨
12 小时雨量（毫米）	0.1～4.9	3.0～9.9	5.0～14.9	10.0～22.9	15.0～29.9
24 小时雨量（毫米）	0.1～9.9	5.0～16.9	10.0～24.9	17.0～37.9	25.0～49.9

	大—暴雨	暴 雨	大暴雨	特大暴雨
12 小时雨量（毫米）	23.0～49.9	30.0～69.9	70.0～139.9	≥140
24 小时雨量（毫米）	38.0～74.9	50.0～99.0	100.0～199.9	≥200

表 5.2 降雪量级和雪量对照表

	小 雪	小—中雪	中 雪	中—大雪	大 雪	大—暴雪	暴 雪
12 小时雪量（毫米）	0.1～0.9	0.5～1.9	1.0～2.9	2.0～4.4	3.0～5.9	4.5～7.0	≥6.0
24 小时雪量（毫米）	0.1～2.4	1.3～3.7	2.5～4.9	3.8～7.4	5.0～9.9	7.5～15.0	≥10.0

(3)一毫米降雨相当于 1 亩*地得了多少水？

一毫米的雨量,表示在没有蒸发、流失、渗透的平面上,积累了一毫米深的水。别小看一毫米相当于一根针的直径长,可就一亩地而言,一毫米降雨就等于往一亩地里倒了 667 千克的水。

5.5.5 风的用语

(1)风向的划分

天气预报中的风向系指风的来向,一般用八个方位表示,即:北、西

---

* 1 亩＝10000/15 平方米。

北、西、西南、南、东南、东、东北。

（2）风力等级的划分

风力等级是根据风对地面（或海面）物体的影响程度来定的。气象部门根据风力大小对地面物体的影响程度作了形象化的表述，用来判断风的等级，常用民歌形式是：

0级风，炊烟笔直向上冲。1级风，炊烟随风向飘动。

2级风，轻风拂拂吹脸面。3级风，微枝摇动红旗展。

4级风，树枝摇动吹纸片。5级风，小树摇动水有波。

6级风，大树摇动举伞难。7级风，全树摇动树枝弯。

8级风，树枝折断行路难。9级风，树木受损屋顶坏。

10级风，刮倒树木和房屋。11级，12级，陆上很少见。

（3）阵风

在风力较大时，气象台在风力的预报中，常常加上"阵风"，如风力5～6级，阵风7级，或风力7～8级，阵风9级。意思是：一般（或平均）风力5～6级（或7～8级），最大风力可达7级（或9级）。"阵风"有短时间或瞬间最大可达的意思。

（4）风向的转变

当未来风向变化达 $90°$ 或 $90°$ 以上时，在风向的预报中一般要加"转"字，如"今天夜里偏南风明天白天起转偏北风"等。

表 5.3　风力等级表

等　级	距地 10 米高处的相当风速（米/秒）	海面浪高（米）		陆地地面物征象
		一般	最高	
0	0.0～0.2	—	—	静，烟直上
1	0.2～1.5	0.1	0.1	烟能表示风向，但风向标不能转动
2	1.6～3.3	0.2	0.3	人面感觉有风，树叶微动，风向标能转动
3	3.4～5.4	0.6	1.0	树叶及树枝摇动不息，旌旗展开

续表

等　级	距地 10 米高处的相当风速（米/秒）	海面浪高（米）		陆地地面物征象
		一般	最高	
4	5.5～7.9	1.0	1.5	能吹起地面灰尘和纸张,树的小枝摇动
5	8.0～10.7	2.0	2.5	有叶的小树摇摆,内陆的水面有小波
6	10.8～13.8	3.0	4.0	大树枝摇动,电线呼呼有声,举伞困难
7	13.9～17.1	4.0	5.5	全树摇动,大树枝弯下来,迎风步行感到费劲
8	17.2～20.7	5.5	7.5	可以折毁小树枝,人迎风前行感觉阻力很大
9	20.8～24.4	7.0	10.0	烟囱及屋顶受到损坏,小屋易遭到破坏
10	24.5～28.4	9.0	12.5	陆上少见,见时可把树木刮倒或建筑物毁坏较重
11	28.5～32.6	11.5	16.0	陆上少见,见时必有重大毁损
12	32.7～36.9	14.0		陆上很少见,其摧毁力极大
13	37.0～41.4			陆上绝少见,其摧毁力极大
14	41.5～46.1			
15	46.2～50.9			
16	51.0～56.0			
17	56.0～61.2			
18	≥61.3			

5.5.6　地区划分

（1）全国范围

西北:包括新疆、青海、宁夏、甘肃、陕西等省、区。

华北:包括内蒙古、山西、河北、北京、天津等省、市、区。

东北:包括黑龙江、辽宁、吉林三省。

青藏高原:青海、西藏的高原地带,大约在 $28°\sim38°N$、$80°\sim105°E$ 之间的高原地区。

黄淮:黄河、淮河流域之间的广大地区。

江淮:长江、淮河流域之间的广大地区。

长江中下游地区:包括湖南、湖北、江西、安徽、江苏等省的大部分地区和上海市。

(2)省区、地市范围(由各省、区、市自行决定)

(3)其他

气象台的天气预报中,在阐述天气形势演变过程时往往用到乌拉尔山、西伯利亚、鄂霍次克海、孟加拉湾和西北太平洋等区域,具体为:

乌拉尔山地区:大体包括 $50°\sim70°N$、$50°\sim70°E$ 之间地区。

西伯利亚地区:大体包括 $50°\sim70°N$、$80°\sim120°E$ 之间地区。

鄂霍次克海地区:大体包括 $45°\sim60°N$、$140°\sim160°E$ 之间的海域地区。

孟加拉湾地区:大体包括 $15°N$ 以北、印度半岛与中南半岛之间的海域。

西北太平洋地区:大体包括赤道以北、$180°E$ 以西的太平洋海域。

5.5.7　天气预报中天气图形符号及其含义

在电视天气预报的屏幕上,我们会见到一些特制的符号,这些天气图形符号及其含义见附录1。

第六章　气象为经济建设服务

大气永无休止的运动,导致气象条件的不断变化,影响着国民经济的各行各业,反常的天气气候引发的诸如干旱、洪涝、风暴、冻害等自然灾害,会给国民经济各行各业带来不同程度的损失。因此,各级党政领导、经济生产部门都十分关心天气气候,要求气象部门提供气象预报情报服务,以便利用有利的气象条件,趋利避害,安排自己的作业,并及时掌握防灾抗灾主动权,从而取得最佳效益。

6.1　气象与农业

农业生产的对象主要是在露天条件下生长的植物,其生长发育和一切生命活动都离不开温度、水分、光照、气体成分、气流(风)等大气环境因子。可见农业生产是受大气环境条件影响最大的产业部门,而气象条件也就成了影响农业生产诸多因素中最活跃的因素。气象条件良好时则会导致农业丰收;然而,气象条件恶劣,比如灾害性天气出现时,则会造成农业减产甚至绝收。农业是国民经济的基础,充分发挥当地光、温、水、气的优势,应是现代农业一条很有希望的发展途径。因此,我们必须重视农业生产与气象条件之间的这种不可分割的密切关系。

6.1.1　温度

气温与农业生产的关系通过以下几种温度指标来表示的。

6.1.1.1　基本温度指标

(1)三基点温度

对于作物的每一个生命过程来说,都有三个基点温度,即最适温度、最低温度和最高温度。在最适温度下作物生长发育迅速而良好,在最低和最高温度下作物停止生长发育,但仍能维持生命。当气温高于生育最高温度或低于生育最低温度,则作物开始不同程度地受到危害,直至死亡。所以在三基点温度之外,还可以确定最高与最低致死温度指标,统称为五基点温度指标。

不同作物、不同生物学过程的三基点温度(或5个基点指标)是不同的。

表 6.1　几种作物的三基点温度(℃)

作物种类	最低温度	最适温度	最高温度
小麦	3~4.5	20~22	30~32
玉米	8~10	30~32	40~44
水稻	10~12	30~32	36~38
烟草	13~14	28	35
豌豆	1~2	30	35
大麦	5	28.9	37.8

(2)农业界限温度

具有普遍意义的,标志某些重要物候现象或农事活动的开始、终止或转折的温度叫农业界限温度,简称界限温度。

农业上常用的界限温度(用日平均气温表示)有:0℃、5℃、10℃、15℃和20℃。它们的农业意义为:

0℃——土壤冻结和解冻;农事活动开始或终止。冬小麦秋季停止生长和春季开始生长(有人采用3℃),冷季牧草开始生长。0℃以上持续日数为农耕期。

5℃——早春作物播种;喜凉作物开始或停止生长,多数树木开始萌动。冷季牧草积极生长。5℃以上持续日数称生长期或生长季。

10℃——春季喜温作物开始播种与生长,喜凉作物开始迅速生长。常称10℃以上的持续日数为喜温作物的生长期。

15℃——喜温作物积极生长,春季棉花、花生等进入播种期,可开始采摘茶叶。稳定通过15℃的终日为冬小麦适宜播种的日期;水稻此时已停止灌浆;热带作物将停止生长。

20℃——水稻安全抽穗、开花的指标,热带作物正常生长。

6.1.1.2 积温

积温是指某一时段内逐日平均气温累积之和。它是研究作物生产、发育对热量的要求和评价热量资源的一种指标。

农业气象工作中常用的积温有活动积温和有效积温两种。

(1)活动积温 高于生长下限温度的日平均温度为活动温度。例如某天日平均温度为15℃,某作物生长下限温度为10℃,则当天对该作物的活动温度就是15℃。活动积温是指作物在某时期内活动温度的总和。

(2)有效积温 有效温度是指日平均温度与生长下限温度之差。如上述例子,日平均温度为15℃那天,对生长下限温度为10℃的作物来说,当天对该作物的有效温度为15℃-10℃=5℃。而有效积温是指作物在某时期内有效温度的总和。

表6.2 几种作物所需大于10℃的活动积温(单位:℃·天)

作物种类	早熟型	中熟型	晚熟型
水稻	2400~2500	2800~3200	—
棉花	2600~2900	3400~3600	4000
冬小麦	—	1600~2400	—
玉米	2100~2400	2500~2700	>3000
高粱	2200~2400	2500~2700	>2800
谷子	2700~1800	2200~2400	2400~2600
大豆	—	2500	>2900
马铃薯	1000	1400	1800

6.1.2 水

"有收无收在于水,收多收少在于肥"。这句话精辟地概括了水在农业中的特殊地位。水对植物具有双重意义:水是植物体的重要组成部分,一般植物体内都含有60%～80%的水分,有的甚至高达99%以上;水又是植物生命活动的必要的条件,植物依靠水制造有机物质、输送养分;植物将吸收水的99%用于植物蒸腾,以维持植物体的正常体温。可以说,水是一切植物的生命之源。

作物的一生由种子发芽出苗,开花结实,直到成熟,所消耗的全部水分为作物需水量。作物的需水规律是少—多—少。一般栽培作物从播种至拔节期,是作物营养生长阶段,植株较小,需水量较少;拔节至开花期,是营养生长与生殖生长并进阶段,植株体积和重量都迅速增加,需水量也急剧增多,是作物需水关键期,也是对水分最敏感的时期,水分的多寡对作物产生很大影响;开花之后,作物体积不再增大,有机体逐渐衰老,需水量逐渐减少。

表 6.3 几种主要农作物的需水情况

作物	全生育期总需水量（立方米/亩）	生育阶段	阶段需水量占总需水量（%）	适宜土壤水分占田间持水量（%）	湿润层深度（厘米）
春小麦	200～370	幼苗	13		30
		分蘖—拔节	10	65～75	40
		拔节—抽穗	35	70～80	60
		抽穗—灌浆	24	70～85	80
		灌浆—成熟	10	60～70	80
		成熟	8		80
玉米	200～300	幼苗	20	60～70	30
		拔节	26	60～70	50
		抽雄	34	70～80	60
		灌浆以后	20	60～70	80
高粱	200～300	幼苗	10	60～65	30
		拔节	30	65～75	50
		抽穗	35	55～65	60
		灌浆	20	60	80
		成熟	5	60	80

续表

作物	全生育期总需水量（立方米/亩）	生育阶段	阶段需水量占总需水量（%）	适宜土壤水分占田间持水量（%）	湿润层深度（厘米）
谷子	170～200	播种—拔节	5	55～60	30
		拔节—抽穗	22	60～65	50
		抽穗—开花	32	65～70	60
		开花—乳熟	18	70～75	80
		乳熟—收获	23	60～65	80
大豆	330～400	播种—分枝	9	60～65	30
		分枝—开花	7	60～70	40
		开花—结荚	35	75～80	50
		结荚—灌浆	32	60～65	60
		灌浆—收获	17	60～65	70
马铃薯	200～300	萌芽	7	60～65	30
		幼苗	17	65～70	40
		开花初	34	75～80	50
		开花盛	28	75～80	60
		开花末	14	60～65	60
水稻		返青—分蘖	17	—	—
		分蘖—拔节	29	—	—
		拔节—抽穗	16	—	—
		抽穗—乳熟	15	—	—
		乳熟—成熟	23	—	—

6.1.3　风

风在农业上的地位,人们往往认为它成事不足,败事有余:拔树毁稼,断网翻船,使农业受损,使草原沙化……

然而,风对农业的有利作用却是不声不响、潜移默化地进行着,它的丰功伟绩一点也不逊色于其他气象因子。没有风,就没有绿色原野、锦绣山川;没有风就没有农业。这些丝毫也不夸张。

风是某些植物寻求"配偶"、"生儿育女"、"传宗接代"的媒介,故此有"风媒"一说。凡是借助于风力的帮助进行花器官传粉授精的植物,称之为风媒植物。一般地,风媒植物的花不鲜艳,但花数目很多,花粉小且数量极大,极易被风吹动而传送出去。

有些植物借助风力去传播种子和果实。为适应这个条件,这些种子、果实或者轻如鸿毛或者生有冠毛、翼翅。它们能随风飘扬到"外地"去"成家立业",并结出丰硕的果实,为植物在异地留下后一代。如松树就是靠风力作用,将种子传到远方,不断扩大繁殖区域的。这对森林采伐更新,荒山荒地造林具有现实意义。

风可以促进植物叶片的蒸腾作用,以调节作物的体温,保障正常的新陈代谢功能。风还可以改善作物群体内二氧化碳(CO_2)的供应状况,增加产量。据报道,在太阳辐射与气温基本相同的条件下,玉米干物质增长量,有风比无风的一天多 40%。

绿色植物在阳光下进行光合作用,其强度可达 $12×10^4$ 毫克 CO_2/(厘米^2·小时)。假如没有风(尽管是极其微小的风,只有用特殊的测风仪器才可以测到)的作用,只要一分多钟,作物层周围空气中的 CO_2 就会被耗尽,农田中的光合作用就将全部停止。可见,风对气体交换、更新 CO_2 的作用是何等重要啊!农田中 CO_2 浓度相同条件下,由于空气静止,将会使农作物光合效率降低 85% 以上。有人做过这样的实验,在密闭温室中,CO_2 浓度为 500 ppm* 的条件下,强通风下的水稻单珠小穗数是弱通风下小穗数的 1.6 倍。

6.1.4 二氧化碳

植物是有生命的有机体,呼吸作用所需要的氧和光合作用所需要的二氧化碳(CO_2),是一时一刻也离不开的。氧在大气圈中的含量约占 21%,自从人类能够测量大气中氧的含量以来,一直没有发现氧的含量发生变化,因此,它不是植物生命的限制因子(作物长期淹水等情况除外)。然而,二氧化碳却时常发生变化,如果缺乏它,植物就呈现

---

* ppm=10^{-6}

"饥饿"状态,生育停滞,甚至死亡。二氧化碳是绿色植物的粮食,植物只有"吃"了它,才能维持自身的生命活动,所以称二氧化碳为植物的"气体面包"是当之无愧的。

碳是构成有机体的主要元素,大气中 CO_2 的数量约为 7000 亿吨,仅占大气总量的 0.03%。正是这些 CO_2,在植物的光合作用中,合成了大量的有机物质。假如大气中的 CO_2 得不到补充的话,一年之内,它将被地球上绿色植物全部消耗。然而,事实并不如此严酷,大气中的 CO_2 将以各种形式被源源补充:光合产物的物质循环,燃烧矿物燃料,空气与水体的 CO_2 交换等。如此,才使大气中的 CO_2 基于趋于较为稳定的平衡。

6.1.5　日照

"阳光普照,五谷丰登",生动形象地反映了农业生产与太阳的依存关系。绿色植物利用阳光进行光合作用,合成了携带能量的多种有机物质。这些种类繁多的有机物质被人类、动物和其他生物所消耗,同时将热量放散出去,在这个过程中,又源源补充了原来在光合作用中所消耗的二氧化碳,如此往复循环。由此可见,光合产物所蓄积的化学能,不仅对绿色植物本身,而且对不具光合能力的其他生物的生活,也是不可缺少的能源。

6.2　气象与林业

林业与农业一样,也是在自然环境下进行生产的,同样离不开天气气候对它们的影响。在林业生产中,林地的选择,林种的选择和搭配,大面积植树造林,林木的更新,还有森林火灾和病虫害的防治,都离不开气象的保障,需要使用温度、湿度和风等资料。

就拿温度来说吧,温度在林木生命过程中起着重要作用。林木的光合、呼吸、蒸腾以及林木的生长发育、物质积累等都要求一定温度强度和一定温度的持续时间。在热量资料充足(即温度高)的热带,林业生产以多年生木本植物为主,而在夏季月平均气温不足 10℃ 的温带和寒带,一般乔木不能生长。对于大多数温带树种来说,气温在 5℃ 以上萌芽,10℃ 开始生长,15℃ 以上开花,25~30℃ 持续期为最适当生长期。

具体到某一个树种来说,比如茶树,影响其生存的最重要的气象条件是冬季的温度。如果某地冬季绝对最低温度在零下 15℃ 以下,就会将茶树冻死,所以茶树只有在冬季绝对最低温度未出现过零下 15℃ 低温的地区才可种植。

6.3　气象与牧业

在牧业生产中,草场牧草的保护、种植及其产量估计,牲畜繁殖、放牧、转场时间的确定等同样与气象有关。

也拿温度来说吧,我国畜禽的分布受温度条件影响很明显。例如,水牛主要分布在淮河流域以南,黄牛、绵羊主要分布在北方,牦牛集中在青藏高原。而山羊、猪、鸡、鹅、鸭等对温度的适应性较强,几乎全国各地都有饲养。

还有像桑蚕,对温度要求比较严格,桑蚕正常发育的温度为 20~30℃,当最低温度低于 7℃,最高温度高于 40℃ 时便不能生存。

6.4　气象与渔业

在渔业生产中,如何使水产养殖高产,捕捞生产安全,需要有准确的有关温度、大风等要素的天气预报作保障。

对于渔业和水产养殖来说,水是鱼类生活的基本前提,在一定的水资源保证下,水温就成为决定鱼类分布和安全生长发育的一个主要气候条件。

我国热海域渔场水温高,主要适应喜高温的热带鱼类生存。亚热带海域渔场水温比较适宜,有利于鱼类的生长,终年可以繁殖,群体补充快,一年四季都可捕捞。温带海域渔场的水温四季变化明显,春季鱼类回游,产卵和生长,秋季回游越冬,形成春、秋两个鱼汛。寒带海域渔场水温低,水中食物较贫乏,鱼类生长繁殖就缓慢。

具体到鱼类,也有一个适宜生长的温度范围。比如淡水养殖的鱼类多为温水性鱼类,它们喜欢生活在比较温暖的水体里,适宜它们生长的水温,一般是 5～30℃,最适宜的是 20～28℃。在生长期间要求温度变化和缓,水温比较稳定,光照充足,微风和晴雨相间的天气。如果遇有高温高湿、闷热无风的天气,造成鱼塘里溶解氧减少,就应注入新水,或使用增氧机,改善水中含氧量。

6.5　气象与商业

商界有句口头禅,"货卖男女老幼不同,商品春夏秋冬不一"。这句话如实地道出了商品销售与风云雨雪、寒来暑往的密切关系。如今的经营者都把根据季节转换及时调节商品上市品种和数量,作为营销策略一个基本要领。经商者大都有这样的体验,一场暴冷会使与"暖"有关联的商品供不应求;一阵酷热,又会使与"冷"相关联的商品畅销不已。谁能准确"弹奏"这冷暖无常的"交响曲",谁就能赢得市场的主动权。

除了商品销售需要应用天气预报外,至于商品的储运、保管等也与气象条件密切相关。商品的装卸、外运、入屯需要良好天气相配合,如果遇有阴雨天气就麻烦了。要调节和控制仓库的温度、湿度,保持良好的通气,以防所储存的商品发霉变质。

为了满足商家的上述需求,不少地方气象部门推出了啤酒气象指数、冷饮气象指数、霉变气象指数等,这不仅出于人们的身体健康和物品安全保管的考虑,也为商家们提供了商机。

6.6　气象与工业

工业是国民经济的主导。不论是生产生产资料的重工业,还是生产消费资料的轻工业,都与气象有着密切关系。比如,在电力工业中,大风、高温、雷电、冰冻对输电线路的架设、维护影响就很大;纺织工业、化学工业的车间要求一定的温度和湿度,以保证安全生产和产品质量。

对于各种基建工程,各种时效的天气预报是不可缺少的指导信息。气候及其变化用于生产布局与经济规划;长期预报用于工程计划,施工准备,物资分配、调拨,工程进度部署;中期预报用于施工安排,劳力、物资、设备、动力等生产资料的投放与调整;短期预报用于保证施工的顺利、安全进行,工程质量的稳定,避免或减少劳动力和材料的损失浪费。

拿纺织工业来说吧,纺纱车间需要适宜的空气相对湿度是65%～75%。相对湿度在80%以上,开机容易断线。而相对湿度在60%以下时因为摩擦引起的静电增加,会使品次的比例上升。

再拿制盐业来说,通常气温在5～30℃,风力4～5级,连晴干燥天气对制盐非常有利,一旦出现恶劣天气,就会给制盐生产造成损失。比如降水,如果日雨量在2毫米以上即可降低盐水浓度,产生溶盐,造成损失。如果日雨量在5毫米以上,精盐、细盐的溶盐率可达100%,损失较大。如果日雨量在10毫米以上,可造成严重损失。

6.7　气象与交通

交通运输的发达是经济发展和社会进步的重要因素,其中陆上运输的主要形式——铁路和公路被称为国民经济的大动脉。对气象条件的依赖随着交通运输业的发展而越来越明显。影响海上交通最不利、最危险的天气是雾、大风和巨浪,还有海冰。比如海雾使船舶被迫减速而造成经济损失,浓雾甚至造成船舶搁浅、相撞或触礁事故。影响铁路运输的不利气象条件主要有洪水、泥石流、积雪、大风等,影响汽车安全运输的不利气象条件主要有低温、积雪、积冰、低能见度等。飞行员则最怕低能见度、雷暴、低空风切变等。航空事业的发达要求了解机场与航线的天气条件,保证飞行的安全。

此外,对于水文水利部门,河流的整治、水库的建设及其有效的运用,首先要有足够的雨量资料,包括平均雨量、最大雨量的历史资料和可能发生最大雨量的估测资料作为规划设计的依据,还要充分考虑风力的影响。后者能使水面发生波浪,这种风浪会破坏堤坝,甚至使其溃决。特别在汛期,无论是使水库继续蓄水用以发电和灌溉,还是迅速放水保证水库和下游地区安全,都需要更为准确的降水预报。

还有,像城市规划和建设、体育运动、四季旅游等与天气气候有着一定的关系,都离不开气象部门为其提供决策依据资料。

气象部门虽然不直接创造社会财富,但是气象科技通过为国民经济各部门提供服务,从而转化为生产力,促进生产发展,取得经济社会效益。

6.8　气象与建筑

多少世纪以来,在不同环境中人们为了适应各种气候情况而设计出不同的建筑物。现在建筑上都要考虑气候的影响,如建筑气候区划、建筑气象参数标准,还有地基基础设计规范、结构荷载规范、采暖通风空调设计规范、热工规范、采光规范等,都对气候影响作了计算。而各种气象要素对房屋的作用或多或少都有一定的方向性,如风与城市规划、局地环流与城市规划、近地层的变化与城市规划、气温与城市总体布局、日照与城市总体布局。如果不把气候对建筑的影响,专门应用到规划、设计和材料选择中去,建造的建筑物就不可能很好地满足要求。

建筑施工一般在露天状况下作业,当然要受天气条件的制约。影响建筑施工的主要气象因素有降水、风、温度和湿度。降水对水泥、沙浆、石灰等建筑材料有破坏作用。高层建筑施工,还应避开雷雨天气,以防雷击事故。降雪对施工也有影响,积雪易在混凝土表面形成水层,从而影响强度、降低质量。风对施工的影响主要表现在风力较大时,高空塔吊不能转动自如,甚至可能发生塔吊出轨、翻倒事故。如果地面风在4级以上,则高空风力会更大,既不利于施工进展,也影响作业安全。风力风向对于高层建筑影响就更大了,设计中必须考虑风荷载,尤其是抗台风要求。建筑施工最适宜的温度为5～25℃。气温过低会造成混凝土冻害,产生裂缝。在寒冷地区要考虑抗冻性。冻土层、永久冻土层主要是涉及到地基承载力。严寒地区还应该考虑雪荷载。

我国根据不同地区的自然条件,建造了适应当地气候特点的房屋。比如,东北地区冬季漫长而严寒,夏季短暂而清凉。冬寒是居住条件中的主要矛盾,建筑设计着重于采暖、防寒;因此,建筑基地应选在能充分吸收阳光的地方,所以在东北地区房屋具有紧凑密闭的程度较高、窗门相对较窄小的特点。华北地区的冬季不及东北严寒,但仍有来自北方的寒潮大风,气温较低,特别春季多风沙,所以华北地区的建筑设计较着重保温和避风沙,住房布局通常座北向南,以避风向阳。北京的"四合院"是一种避寒风的好形式,紧凑的四合院中,尽管院外北风怒吼,院内却有风平浪静之感。长江以南地区属亚热带季风气候,冬季稍冷,而夏季漫长,雨较多,湿度较大,风速较小,闷热异常。因此,这里的建筑需具有通风、防潮、隔热等房屋建筑设计的形式。华南地区至海南一带属热带、亚热带季风气候,天气炎热,降水充沛,夏秋多台风,此时降水强大量多。城市的楼房多建有露台、走廊,力求高大、宽敞及通风,以解决炎夏的热闷气候,房顶设计多为人字形,有"滤水"和不易积水的功能。

6.9　气象与保险

　　气象与保险行业的关系是通过气象部门及时向保险部门和投保户提供气象信息,保险部门督促投保户对不利天气切实采取防御措施,使其减少因气象灾害造成的损失,从而达到减少赔偿而体现的。气象与保险工作相结合是减轻自然灾害的一条有效途径。

　　天气保险,就是由天气预报用户向保险公司投保天气险,保险公司根据实际情况进行评估、精算,厘定费率,确定保险价格。只要双方达成共识,保险合同就会顺利签署。如果实际出现的天气状况超出保险公司与用户的约定范围时,由保险公司向用户理赔。如在天气多变的地区或季节举办大型露天活动时,主办方为避免恶劣天气导致活动取消而带来的经济损失,可以向保险公司投保天气险。

　　在国外,精明的企业和商家为了减少自己的运作风险,购买气象保险已经形成一项业务习惯。比如,气象保险在日本已经形成"气候"。天气保险1997年首先由东京海上自动火灾保险公司推出,立即受到观光旅游、休闲娱乐、饭店、服装、冷饮等对天气敏感的行业关注,日本各大保险公司也纷纷介入。天气保险种类很多,各具特色。代表性天气保险有"樱花险"、"酷暑险"、"浮冰险"、"台风险"、"足球世界杯天气险"等。三井住友海上保险公司为 7—8 月可能出现的酷暑,推出"酷暑险",很受商店欢迎。高尔夫球场也是"酷暑险"的热心投保者,这是因天气过热,来高尔夫球场打球的顾客会大幅度减少,直接影响球场经济效益。日本是多台风的国家,每年 6—10 月份都有多个台风袭击日本列岛,带来巨大的灾害,引起保险公司重视,从 1961 年开始,日本在"住宅综合保险"中加入台风保险。再如"水稻险"。日本种植水稻的稻农以分散的、小规模种植为基础,水稻保险在稳定水稻种植和提高水稻生产力、弥补稻农因气候灾害损失方面,发挥着重要作用。水稻保险主要是保险因气候灾害造成的水稻减产。承保方式一般是以每块稻田为承保对象。保险期是从插秧期(直播为发芽期)到收获期。

6.10　气象与旅游

旅游离不开气象,气候是旅游中不可缺少的一种资源。

首先是天气气候现象本身的美。例如,冬日雪景是最壮丽的自然景色,夏日雷电则是最为惊心动魄的自然景观。秋高气爽使人心情平静,春暖花开使人感到生机盎然。

其次,在特殊气候条件下形成的特殊自然景观与人文景观,更是旅游的重要目标。甚至沙漠景观也能使身居潮湿地带的游客感到新奇。香山红叶、洛阳牡丹更是驰名中外。

最后,旅游是一项人类活动,也需要宜人的气候条件。我国阳光明媚的春季与天高气爽的秋季,有旅游最好的气候条件。春游、秋游在我国比较盛行,人们度假大多也选在这个季节。但是,也有些旅游项目必须有一定的季节性,如哈尔滨的冰灯节,只能在气候十分寒冷的冬季。然而,大多数传统节日还是选择了气候条件有利的季节:中秋赏月和九九登高利用了秋高气爽的气候条件;南方端午龙舟竞赛则利用早汛期雨量较大、河流中水量充足与气候转暖,适于开展水上运动的有利条件。

大气中的冷、热、干、温、风、云、雨、雪、霜、雾、雷、电、光等各种物理现象和物理过程所构成的景观,与其他自然景观相比,有着以下显著的特征:

(1)多变性。大气中的物理现象和过程往往是瞬息万变、变幻无穷的,这些变化常常影响着景色的色彩、风采和明快度,给游客以不同的美感和多变感。

(2)速变性。气象要素中的雾、雨、电、光等要素变化极为迅速,典型景象如宝光、蜃景、日出、霞光、夕照等都是瞬间出现,瞬间即可消失的气象景观,旅游者只有把握时机,才能观赏到佳景。

(3)背景和借景性。许多气象景观的出现常常要与其他一些旅游资源相配合,要借助于其他景观为背景。如高山云海,海上日出,沙漠蜃景,名山佛光等。

(4)地域性。各种气象景观的出现都有一定的地域性,一些特殊景象必须在特定地点才可显现,如吉林雾凇、峨眉佛光、江南烟雨、大理"下关风"等。

(5)时间性和季节性。不同的气象景观要素在一年内所出现的时间各不相同,有明显的季节变化。如冰雪景观只出现于冬季,而蜃景和宝光景一般见于中午或下午,而日出、霞光等景时间性更强。

气象景观是大气物理现象和物理过程,有的很美、有的很壮观、有的很奇特,也有的很一般,但当其与其他景观叠加在一起时,便产生美感效果。

中国气候旅游资源类型多样,按纬度位置从南到北可分为赤道带、热带、亚热带、暖温带、温带和寒温带六个热量带。各地气候的差异,便于组织与气候条件相适应的多种旅游活动。即使在同一季节,也可以在全国开展多种气候旅游:隆冬季节在海南岛可以避寒,还可以进行滑水、帆船等水上娱乐活动;而在哈尔滨可以观赏"千里冰封,万里雪飘"的北国风光,也可以组织滑雪、冬猎、观赏冰雕等旅游。

神奇的气象风景

南宋戴复古《舟中》诗曰："云为山态度,水借月精神。"真可谓是一语道破了风景名胜与气象的关系:天气不仅勾出了风景名胜的外在风貌,更体现了风景名胜的内在精神。山因云而显得变化莫测,云也因山而神采飞扬。水借晴夜之月才能显出其特有的精神丰采。可以想像,山无云雾烟霭映衬会是多么单调,水无晴月风雪装扮又会是多么乏味。不难看出,天气现象是构成名胜风景不可分割的一部分,风景名胜依赖于天气现象并共同构成山川之美。

春夏秋冬四季嬗变所引起植被、云天的变化,以及风霜雨雪、虹霞光彩,赋予了固定不变的山水、楼阁等变幻的魅力。鉴此,有人把这些可以造景、育景并有观赏功能而吸引旅游者的大气现象或变化过程称为气象风景,并把它分为9类:蜃景、宝光景、旭日(夕阳)景、云雾景、雾凇(雨凇)景、冰雪景、"风"景、彩虹景、雨景。

我国一些风景胜地大多归纳出"八景"、"十景"什么的,其中不少就与气象联系着呢。

比如旧时北京的"燕山八景":蓟门飞雨、瑶岛春阴、太液秋风、卢沟晓月、居庸叠翠、玉泉垂虹、道陵夕照、西山晴雪。其中云雨风雪俱齐,垂虹夕阳争辉,难道这不引起人们对大自然美的想往?

再如闻名世界的杭州"西湖十景",即三潭印月、苏堤春晓、平湖秋月、双峰插云、柳浪闻莺、花港观鱼、曲院风荷、断桥残雪、南屏晚钟、雷峰夕阳,慕名而来的游客流连忘返。

然而,概括起来,大致离不开大气中发生的水汽凝结现象、风和光等。由于太阳或月亮的光线穿过大气层时,被选择地吸收、反射、散射、衍射所引起的各种色彩缤纷、绚丽辉煌的光学现象,成为旅游观赏的一种主要吸引物。风虽看不见、摸不着,但通过人的听觉能够感受到它的清风凉意或澎湃豪迈。而风雨飘摇之中,使原来寻常的田野、村舍,一下子变得神秘莫测,无形中增添了朦胧感,天空中的水汽凝结物如云雾与太阳相互作用,也会产生可供观赏的奇异景象。下面就几种气象风景作以介绍。

云雾景

俗话说,山为骨,云为衣,云雾多为名山胜景之一。像南岳衡山,其主峰祝融峰,春云似烟,夏云如海,秋云如纱,冬云朦胧。庐山云雾,其轻如絮,其白如雪,其厚如毯,其光如银;或绚丽云海滔滔滚滚,或万朵芙蓉姗姗而来,或云流汹涌似瀑布倾泻,或彩霞映照若锦缎铺天。黄山云海更是一绝,那里的群峰一刻也离不开云雾的点缀,露出云海雾浪的山峰,犹如大海中的岛屿;远处山连云,云拥山,更似梦幻中的海市蜃楼,云生景变,云动景移,百里黄山因而变幻无穷。

雨景

春天里,烟雨中的江南则是一首朦胧诗,且不说"烟花三月下扬州",浙江嘉兴南湖烟雨楼就曾经让乾隆每次南巡至此而不忍离去,这里的春季,常常细雨霏霏,就是在晴天,也会有烟雨满楼之态,荡舟湖中,使人有"雾中之船天上坐"的幻觉。而杭州西湖的雨景更迷人,雨中西湖,似笼薄纱,活脱脱一幅朦朦胧胧的山水画。雨中游湖,古代诗人赞口不绝,如"春云漠漠雨疏疏,小艇冲烟入画图";"春雨断桥人不渡,小丹撑出柳荫来"。如果你怀揣历史,背负文化,去欣赏烟雨中的江南春色,更有一番别味道。

风景

"风摇竹影有声画",夜晚,在名山大川,那阵阵松涛声,或激起你遐想,或催着你入睡。在海边,那阵阵清凉海风,伴着海涛声,同样也会使你心潮起伏。"下关风"是云南大理最具特色的风光之一,与上关花、苍山雪、洱海月合称大理的"风花雪月"。风季时,这里几乎每天狂风呼啸,有时刮得地动山摇,屋瓦雷鸣。除了听风声外,它的雕刻功能也值得观赏琢磨一番。在长期大风吹袭下,下关市以北几千米内公路两侧的树木都成了"偏形树",即迎风的西侧,几乎枝叶全无。辽阔的沙漠上,沙丘连绵起伏,宛如奔腾的浪潮,沙丘图案更是各种各样,有的像月牙,有的像金字塔,而且它们的轮廓随着风吹不时在变换着。你更可以在新疆目睹由风蚀而成的雅丹地貌,雅丹在维吾尔语中是"风蚀陡壁的土丘"的意思。在罗布泊一带、柴达木盆地边缘、准噶尔盆地西部,年复一年,风沙竟鬼斧神工地造出了酷似古城遗迹的风雕土石奇景。新疆乌尔禾地区就有这样一座"古城堡",远远望去,好像是楼台耸立,街道纵横,走近一看,它却不是屋舍俨然、市井繁荣的城市,而是层层叠叠的陡崖石壁,被人们称之为"风都城"。当然,你还可以到内蒙古达拉旗的响沙湾、宁夏中卫的响沙山、新疆巴里坤的鸣沙山听一听沙子"唱歌"的声音。

日月景

我国著名风景区几乎都有日出、夕阳美景。峨眉山金顶、泰山玉皇顶、衡山祝融峰、五台山望海峰、黄山翠屏楼、九华山天台等名山观日,大连老虎滩、北戴河、普陀山等海滨观日,山海关、嘉峪关等雄关夕照,岳阳楼、滕王阁、黄鹤楼等名楼古亭的朝晖、夕阳,都是令人十分向往的美景。

古诗曰:"水借月精神。"你不妨去有着"月亮城"美称的西昌,就可以领略到这种迷人的"水月精神"。古人曾用"月出邛池水,空明激九霄"来形容西昌明朗的月亮景色。每当晴天夜幕降临,在西昌城东南邛海湖畔,你会听到"松涛声,水涛声,声声相应",还会见到"天上月,水中月,月月齐明"。当然,借水色,观日出,看月景,庐山含鄱口也是一个好去处。站在含鄱口,面对鄱阳湖,每当晨光微曦,水天一色,一轮红日喷薄而出,金光万道。月夜登上含鄱口,只见渔火万点,波光月色,相映成趣。

此外,与太阳有关的那就是它的光线经大气反射、折射或衍射后形成的种种光象,也是人们向往却难得见到的气象风景。如彩色光环围绕人物景像的宝光,被称为"佛光",峨眉山、庐山、黄山、泰山等地都是可能观赏它的好去处。更难得一见的虚无缥缈幻景——海市蜃楼,在山东青岛、蓬莱海面,河北北戴河,长江南通江面,洞庭湖湖面,塔克拉玛干沙漠,巴丹吉林沙漠等地曾经出现过。夏日雨后天空上出现的七色彩桥(虹)也是一道亮丽的景色。当然,不一定限于雨后,连飞溅的瀑布水珠浪花遇太阳一照,同样也会产生长虹一道,这就是最为吸引游人的瀑布彩虹,如在贵州十丈洞瀑布、黄果树瀑布等处会欣赏到这种奇景。

冰雪景

一般人认为,只有在冬季到塞外才能看到原驰蜡象、山舞银蛇的壮观,然而,"更喜岷山千里雪",四川岷山主峰雪宝顶成为黄龙沟背倚靠山,有言道,"玉障参天,一经苍松迎白雪;金沙铺地,千层碧水走黄龙"。还因为雪宝顶有个海拔高度 5588 米,黄龙沟口海拔 1800 米这样吉祥的数字,因而人们常常把游黄龙、看雪宝顶称为"好运之旅"。终年积雪不化,布满冰川、冰塔林的云南玉龙雪山,恰似身披银鳞的巨龙腾驾于云雾之上,这里景色千变万化,伴着冰雪景值得欣赏的有著名的金沙劈流、玉湖倒影、三春笼烟、六月雪带、云霞五色、夜月双辉、晓前曙色、暝后夕阳、白泉玉液、绿雪奇峰、龙甲生云、银灯炫焰等 12 景。如果你能去三江源头,不仅能体会一下李白"黄河之水天上来"诗句之气势,而且亲眼目睹万里长江取之不尽的源泉是那高耸入云的冰雪山体和晶莹皎洁的大冰川。当然,你若深入世界屋脊,仰望珠峰,那白色世界则会让你久久不能忘怀。

另外,冰雪艺术景观是人类利用冰雪雕塑的各种造型景观。这是寒冷地区发展起来的一种特殊的雕塑艺术,如中国哈尔滨的冰、雪雕。

峨眉宝光

峨眉宝光是一种大气光学现象。当人们站在附近有云雾的高地,或乘坐航空器在云雾上飞行,观者背对阳光,使"阳光—观者—云雾"三者位于同一直线上,也就是说,使自己的身影投射到云雾上,人们便可在云雾上看见一个以自己头影为中心的彩色光环,这就是宝光,因其光彩很像宝石受光线照射后所放出的光芒而得名。

它是由光线射入云雾之后,经过水滴反射,其反射光再经过衍射(或称绕射)而形成的。

客观地说,只要有云雾和光照,宝光就无处不在,不论人们是否在现场观看它。当宝光呈现的条件合适时,人们可见其持续时间短者仅几秒钟,长者可达数小时。

峨眉山的宝光之所以在国内众多名山中独领风骚,从根本上说,除了佛教传播的影响之外,更与峨眉山拥有独特的天时地利条件息息相关,特别是地理、气候条件非同寻常。

首先,峨眉山地势险峻,东边是南北走向、深达数百米的大悬崖,从玉佛殿到金顶大庙、气象站一线,及至万佛顶一带,特别是金顶大庙旁的舍身崖(海拔 3077 米)、金刚嘴附近,很易看到宝光,这是在国内外众多名山中峨眉山所具备的利于观赏宝光绝无仅有、无以匹敌的地形地势。此外,在雷洞坪、洗象池和九老洞等山中景点亦还有部分利于观赏宝光的悬崖边。

其次,峨眉山位于进入我国的西南暖湿气流的大通道上,周边地区河流纵横交错,金顶、万佛顶沿线的海拔高度在 3000 米左右,正好处于多数低层云顶之上,云雾出现天数(326 天)位居全国各名山之冠,并有充足的光照。因此,气候条件上也具有难以比拟的优势。

根据当地人们长期观察经验认为,在峨眉山最易于观赏到宝光的天气状况是雨后有云海的晴朗日子,时间集中在下午 2—5 时。实际上,这仅仅是在金顶舍身崖最便于人们观赏宝光的一个时段,除此之外,在别的时间,人们还有机会观赏到宝光。

在峨眉山,究竟为什么上午不容易看到宝光?这是由于峨眉山西边地势是与其东边地势截然不同的缓坡,以致人们很难找到合适的立地位置去观赏呈现于上午云海上的宝光。

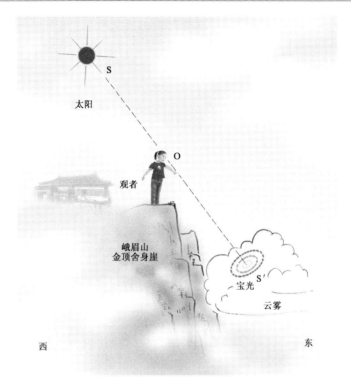

图 6.1 峨眉宝光形成示意图

6.11 趋利避害——人工影响天气

呼风唤雨,趋利避害,是人类长期以来梦寐以求的美好愿望。古代人采用符咒、祈祷及各种宗教形式求雨,这种方式甚至延续到文明社会。尽管如此,自古以来,人们在生产实践中采取了一些简单的呼风唤雨的方法,比如,我国民间用土炮消雹的历史可追溯到 14 世纪后半叶。在欧洲,意大利(1815 年)曾总结民间防雹措施,包括教堂敲钟、打炮、爆炸、生大型篝火等。

然而,首次有科学根据的人工降雨建议是气象经典著作《风暴原理》(1841)的作者美国埃斯皮(Espy,1839)提出的,他认为,在潮湿的空气中可用烈火产生上升气流来造云致雨。但是,真正的人工影响天气的科学活动,应该说始于 1946 年的美国。那一年 11 月 13 日,谢弗(Schaefer)和冯内古特(Vonnegut)实施了人类首次在云中撒播干冰,5 分钟后几乎整个云都转化成雪粒并形成雪幡,这次成功的试验开创了人工影响天气的新时代。半个多世纪来,世界各地成功地进行了不少增雨、消雾、防雹等人工影响天气作业,这说明在某种程度上人类能够"呼风唤雨"了。

我国人工影响天气工作的启动是在 1956 年,这一年 2 月最高国务会议上,钱学森报告科学技术新进展时,介绍了人工影响天气当时在美国的开展情况,在中央气象局涂长望局长汇报气象科学研究 12 年远景规划时,毛泽东主席指示:"人工造雨是非常重要的,希望气象工作者多努力。"1956 年 3 月,中央气象局涂长望局长在全国气象工作会议上报告 12 年发展远景规划时,把人工降雨、人工消雾、人工消除冰雹列入我国第三个五年计划的研究任务。1956 年 10 月,毛泽东主席主持批准的全国发展规划纲要中列入了此项计划。

1958 年 2 月,国家科学规划委员会批复同意成立以赵九章为组长的云雾物理专业组,并计划在第二个五年计划期间建立云物理实验室、飞机实验室,祁连山、黄山、衡山、庐山等高山云雾观测站。

1958 年 4 月,顾震潮带领一批人在甘肃祁连山筹建地形云降水试验和综合考察,同年 7 月初,在兰州进行了 18 次飞机观测和催化试验。

1958 年 8—9 月,吉林遇到 60 年未遇的特大干旱,开展了 20 次飞机人工增雨试验作业;同年夏季,武汉、南京、河北等地也开展了飞机人工影响天气试验。1958 年的这些试验,开始了我国有组织的人工影响天气外场试验和在多个地区的抗旱减灾作业。

1987 年 5 月 6 日,大兴安岭发生特大森林火灾。5 月 9 日,李鹏主持召开国务紧急会议,决定气象部门要做好人工降雨的准备。这次为扑灭大兴安岭发生特大森林火灾而进行的人工增雨作业的成功,对当时处于争议及低潮的人工影响天气科技事业起到了转折性的推动作用,使得这项工作受到了重视,得以加速发展。

1989 年,黑龙江省初步建成了以雷达、卫星云图、探空、常规气象资料、机载云和降水物理探测资料等为基础的综合技术系统,国家气象局给予充分肯定,并列入国家气象局重点推广应用项目。此后,许多省份相继建立了类似系统,开创了我国人工影响天气工作的新局面,取得了显著的社会经济效益。

人工增雨　要实现降雨必须具备3个条件:充足的水汽、上升的气流及足够的凝结核。人工增雨是在有利于降水的天气条件下,采取人工干预的方法,在自然降雨之外再增加部分降雨的一种科学手段。它的作用原理是通过飞机向云体顶部播撒碘化银、干冰、液氮等催化剂,或用高炮、增雨火箭,将装有催化剂的炮弹等发射到云中,并在云体中爆炸,对局部范围内的空中云层进行催化,增加云中的冰晶;能够让云中的小水滴相互凝结,使云中的水滴或冰晶体积增大、重量增加。当空气中的上升气流托不住增大后的水滴时,这些水滴就会从天而降,在下降过程中,虽然也会有部分水滴被蒸发,但是,大部分仍然会降落到地面,于是就形成了雨。人工增雨可以有效地进行农业抗旱、解决人蓄用水以及森林防火的问题,合理开发和利用空中水资源。

人工消雹　其实只起对雹"以大化小,以小化了"的作用。具体地说,就是向云中施放碘化银或碘化铅等催化剂,它们会使云中冰晶数目增多,冰晶形成雹胚时会消耗大量的过冷云滴,结果使所有的雹胚都无法长得太大。雹块下降时有的会融化,这就形成了水滴,或者缩小成小冰雹,于是消雹的目的就达到了。

消雹可以利用飞机、高射炮、火箭等,在雷达的监测下,利用高射炮、火箭发射人工成冰剂。人工消雹也可以采用空中爆炸作业的方法。爆炸发生后,由于冲击波的作用,大冰雹会粉碎,过冷却云就会直接冻结下降。

人工消雾　是用人工播撒催化剂、人工扰动空气混合或在雾区加热等方法,从而使雾消散。人工消雾分为人工消暖雾(雾区温度高于0℃)和人工消过冷雾(雾区气温低于0℃,雾滴为过冷却水滴等)。目前有三种消暖雾试验方法:①加热法:对小范围区域雾区如机场跑道等,大量燃烧汽油等燃料、加热空气使雾滴蒸发而消失。②吸湿法:播撒盐、尿素等吸湿物质颗粒作催化剂,产生大量凝结核,水汽在凝结核上凝结长成大水滴,雾滴会蒸发并在大水滴上凝结,使雾消失。③人工扰动混合法:用直升飞机在雾区顶部搅拌空气,把雾顶以上干燥空气驱下来与雾中空气混合,雾便消失。人工消过冷雾的方法是用飞机或地面设备,将干冰、液化丙烷等催化剂播撒到雾中,产生大量冰晶,夺取原雾滴的水分,雾滴便蒸发而冰晶不断长大降落地面,雾也就消失了。

人工消雨 人工消雨的原理与人工增雨近似,但也有所区别。人工消雨有两种方式。一是在目标区的上风方,通常大约是60～120千米的距离,进行人工增雨作业,让雨提前下完;二是在目标区上风方,通常大约是30～60千米的距离,往云层里超量播撒冰核,使冰核含量达到降水标准的3～5倍,冰核数量多了,每个冰核吸收的水分就少,无法形成足够大的雨滴。通俗来讲,就是让雨"憋着不下"。飞机人工消雨主要是针对比较稳定的层状云,其中,层状云还分冷云和暖云。对于冷云,可通过飞机携带碘化银在云中进行催化作业;如果是暖云,则使用吸湿性的暖云催化剂。针对容易产生雷电的对流云,则采用火箭人工消雨方式。2008年8月8日,北京空气湿度达90%以上,几近饱和。从中午开始,一连串强对流暴雨云带自西南方向顽强地向北京城进发,向"鸟巢"进发。北京气象保障等部门联合作战,动用飞机、地面火箭持续进行消雨作业,共播撒膨润土8吨、发射火箭弹1110枚成功阻截暴雨,使部分暴雨在河北保定以北地区提前降下。第29届北京奥运会开幕式历时4个多小时,国家体育场"鸟巢"滴雨未下。填补了奥运会历史上"人工影响天气"作业的空白。

第七章　气象与军事有什么关系

大气的千变万化对人类的各种活动都会带来一定的影响,军事活动亦不例外。古今中外的军事家们,凭借战争舞台导演的一幕幕威武雄壮的戏剧中,气象扮演了一个重要角色,《三国演义》中诸葛亮借东风打败曹操的故事就是一例。就是现代战争,乃至先进武器,也逃脱不了天气对它的影响。天气气候对军事行为的影响是客观存在的,是不以人们意志为转移的。天气不是朋友,就是敌人,天气气候对作战双方是公平的,谁能驾驭它,它就是谁的朋友,谁若忽视了它,谁就可能受到它的惩罚。

7.1　天时是决定战争胜负的因素之一

战争的胜负除了取决于对立双方的政治、经济、外交、军事、人心向背等诸多社会因素综合作用外,军事活动所处的自然环境特别是天气气候,对战争胜负的影响也是很重要的。

早在《孙子兵法》中,孙子就将"天时"列为决定战争胜负的"五事"之一事。天时,就是现在我们所讲的天气状况。

众所周知,人是军事活动中最基本最活跃的战斗力因素,而天气能直接影响人的体力、智力以及精神意志的充分发挥,从而间接地影响着战争的胜负。比如,在高温高湿的天气下,人就感觉闷热,体力下降,甚至中暑,造成非战斗性减员。1991年海湾战争前期,炎炎烈日使美军士兵中暑和脱水时有发生。而严寒则能使人受到冻伤,致残甚至冻死。

海上风暴是海军活动和生存的最大敌人。古往今来,因为风暴导致舰船沉没的事例数不胜数。另外,海雾降低了能见度,舰船遇上海雾时,稍有不慎,就有触礁、相撞的危险。

另外,空中急流、雷电、大雾等不利天气对空军发挥作战效能甚至飞行安全都会产生很大的影响。

7.2　不良天气影响现代武器性能的发挥

武器对于战争来说,是非常重要的。随着社会生产力的发展,战争的手段由冷兵器发展到热兵器,直至当今的核武器和高技术武器。然而,无论哪种武器,其作战性能无不例外地受到天气的影响。

古时的弓箭,在空气湿度大时,或者被雨淋后,弦变松了,弹力下降,导致射程缩短,攻击力下降。

火药用于军事后出现的热兵器,同样受到天气的影响。

导弹是现代高技术武器。然而,气温偏高,地面大风等会使它的高精度命中率大打折扣。导弹更怕雷雨云,在雷雨天气下,导弹伸展在大气中的尖端和凸起部分,极易形成尖端放电。特别是导弹升空时如果被雷击中,则会引起弹体爆炸而烧毁。比如,1987年3月,美国宇航局一枚阿特拉斯—圣托火箭在升空时遭雷击而烧毁了。

7.3　气象战和气象武器走下了神坛

相传远古时期,黄帝与蚩尤之战,实际上是幻想借助大自然的威力征服对方的神话。如今,蚩尤造雾的神话已成为了现实。

在第二次世界大战中,美军就曾使用过人工造雾技术,为军事活动服务,1943年,盟军在进行攻占意大利南部的战役中,为使渡河行动隐蔽突然,美军出动飞机在伏尔特河河面上低空撒播造雾剂,形成了约5千米长、1600米高的"雾墙"。对岸防守的德军由于雾的影响,看不清美军的行为,只能盲目射击。美军就这样在人造雾掩护下一举突破德军的防线。

由此可见,运用现代科学技术,靠人工影响局部天气来实现作战目的的军事活动,可以称为气象战,而完成军事活动的人工影响局部天气的手段,可以称为气象武器。

根据人工影响局部天气的直接军事企图,气象武器大致分为三类。一是为己方作战行动创造有利条件,如造雾、消雾;二是给敌方军事行动制造困难的天气条件,如人工降雨;三是直接以改变了的气象条件为武器,如制造闪电、酸雨等,通过人为的气象灾害,给敌方造成困难,使其武器装备、军事物资等遭受损失。

除人工造雾、人工消雾、人工降雨等已在实战中开始运用外,其他的如制造闪电、酸雨等,还在设想之中。

7.4　航空航天离不开气象保障

如前所述,天气对航空影响很大。战争中的航空兵执行飞行任务,常常因天气原因而受阻。如果遇上云、大雾、沙尘暴等,由于能见度变坏,影响视程,大大降低攻击目标的准确率。

气象条件对航天发射的影响最直接最明显。首先是雷电,高耸的火箭顶端极易产生尖端放电;地面大风会使直立的火箭产生摇晃,损坏火箭外壳和内部设备;连续性降水会使金属设备锈蚀变质,使电信性能降低。另外,天空中如果云雾低垂,烟尘弥漫,则会干扰地面监测仪器正常工作,阻碍地面的跟踪导航。

总之,要确保航天顺利进行,必须避开不利天气条件,尽可能把发射安排在无危险天气的时候进行。

第八章　环境气象指数

目前天气预报基本上做到了家喻户晓、人人皆知的程度,这是因为人们的衣、食、住、行已经离不开天气预报了。

随着人们生活水平的不断提高,人们越来越重视生活质量,对周围的环境状况的关注度日益提高了。而随着人口的增长、工业化程度的提高和车辆的迅速增加,导致的环境不断变化又直接影响和威胁着人们的身体健康。因此,人们迫切需要了解和掌握同自己日常生活、工作有着密切关系的环境及其变化情况,以便采取相应对策和措施,来保护环境和人类自己。于是,环境气象预报及其服务随之应运而生了,为此,中央气象台和省、区、市气象部门开展了一些环境气象指数的预报工作,并且在不断地完善和扩展着。

环境气象指数,是评价人类生存或各种活动的环境气象指标。目前建立的环境气象指数大体上分为四大类,一类是生存环境指数,如空气质量,紫外线指数;一类是医疗气象指数,如人体舒适度指数,中暑指数,感冒指数;一类是生活气象指数,如晨炼指数,登山指数,穿衣指数;一类是防治自然灾害指数,如火险等级、地质灾害气象等级指数。通过这些指数,把原来看不见、摸不着的气象要素,变成了人们易于把握使用的数字,加上措施提示,就把比较枯燥天气预报结论延伸到百姓生活对气象需要的方方面面,从而提高了人们生活的科学含量,能够明明白白地享受生活。由于各地气象部门根据本地区情况开发的环境气象指数种类的名称有所差异,这里仅介绍几种带有共性的环境气象指数。

8.1　晨炼气象指数

晨炼是全民健身运动中一种普遍常见的形式。许多人习惯于在早晨锻炼身体,然而,气象条件好坏直接关系着晨炼人们的身体健康。如果不掌握一些气象知识,缺乏环保意识,就起不到强身健体的作用,甚至适得其反。

晨炼气象指数,是为了使人们能在有利的天气条件下进行晨炼,真正起到强身健体的效果,综合考虑了晨炼时外界环境中气象要素(包括天气状况、风、温度、湿度、污染状况等)的变化对人体的影响而建立的,分为 5 级。

1 级:非常适宜晨炼;

2 级:适宜晨炼;

3 级:较适宜晨炼;

4 级:不太适宜晨炼;

5 级:不适宜晨炼。

8.2　郊游气象指数

旅游已经成为现代人生活的一种时尚,像登山、郊游是人们回归大自然的一项有益活动。选择好的天气出游,可以达到高兴出游,满意而归的理想效果。气象部门为此综合考虑气温、降水、风等气象要素对旅游的影响,建立了郊游气象指数,分为四级(表 8.1)。

表 8.1　郊游气象指数

级别	用语提示
1 级	天气不好,欢迎您改日再来。
2 级	天气不太好,但不会让您失望。
3 级	天气还可以,出去玩玩吧。
4 级	天气不错,大自然欢迎您。

8.3　感冒气象指数

当天气突变时,由于冷热失常,人体机能失去平衡,抵抗力下降,如有感冒病毒传播,很容易感染感冒,气象工作者根据气温、气压、湿度等变化情况设计了感冒指数,分为五级(表 8.2)。

表 8.2　感冒指数

级别	提示用语
1 级	较为安全,感冒较少发生,请您注意坚持体育锻炼。
2 级	有感冒的可能,体质较弱的朋友请注意适当防护,并可适度加强锻炼。
3 级	较易感冒,您要注意做好清洁卫生工作,注意生活和工作环境空气新鲜,体质较弱的朋友要特别加强自我保护。
4 级	容易感冒,请您注意自我保护,搞好环境卫生,少去人群集中的场合,夏季空调开放的温度和时间应适当。
5 级	极易感冒,请您和您的家人特别注意采取防范措施,尽量避免到人群集中的地方,回家时立即用肥皂洗手。夏季空调开放的温度和时间应适当。

8.4　中暑气象指数

中暑是一种典型的气象病,中暑气象指数表示在高温、高湿或者强烈太阳照射的气象条件下,人们体温调节功能出现障碍而不适应的程度。

中暑不仅与当天的气象因子有关,而且与前期 35℃ 以上的高温天气有关,如果这样的高温持续几天,人体无法承受酷热时,就会出现中暑。当然,夏天长时间在烈日下曝晒,也容易发生中暑。

根据前期气象条件和次日的天气预报,可以预测出第二天的中暑情况,即中暑气象指数,分为五级。

1 级:不会中暑;

2 级:一般不会中暑;

3级:可能会中暑;

4级:容易中暑;

5级:极易中暑。

8.5　紫外线指数

太阳紫外线对人体而言,有有利的一面,也有有害的一面。适当地接受紫外线,可以预防和治疗佝偻病;紫外线还有杀菌的作用。若过量照射,则容易损害皮肤和眼睛。随着气候环境的恶化,这一问题越来越引起人们的注意。

紫外线照射强度除与季节和大气中臭氧状态有关,还与当时的天气状况密切相关,云量的多少,气溶胶浓度以及污染状况对紫外线的吸收和散射起着一定作用。气象工作者为了帮助人们避免过量接受紫外线照射,利用这些关系研制了紫外线指数。

紫外线指数是指当太阳在天空中位置最高时(一般是中午前后)到达地球表面的太阳光中紫外线对人体皮肤的可能损伤程度,分为五级(表8.3)。

表 8.3　紫外线指数

级别	紫外线强度	对人体可能影响	需采取的防护措施
1	最弱	安全	不需要采取防护措施。
2	弱	正常	可以适当采取一些防护措施,如涂擦防护霜等。
3	中等	注意	外出时戴好遮阳帽、太阳镜和太阳伞,涂擦 SPF 指数大于 15 的防晒霜。
4	强	较强	除上述防护措施外,上午 10 时至下午 4 时时段避免外出,或尽可能在遮荫处。
5	很强	有害	尽可能不在室外活动,必须外出时,要采取各种有效的防护措施。

8.6　空气质量预报

由于人类活动和自然过程引起某些污染物进入大气,使原来比较洁净的空气受到污染,从而影响了人们的生存环境,危害人们的健康。空气质量就是对大气成分是否发生变化(或者说受到污染)的一种描述。

我国从 2001 年 6 月 5 日开始正式发布北京、天津、上海等 47 个环境保护重点城市空气质量预报,预报内容是当日 20 时至次日 20 时各城市的空气质量状况,包括空气污染指数、首要污染物和空气质量等级。

空气污染指数(简称 API)是一种反映和评价空气质量的指标。我国目前采用的空气污染指数分为五个等级,表示空气污染程度和空气质量状况(表 8.4)。目前,空气质量预报中的首要污染物有三项,即二氧化硫、二氧化氮,可吸入颗粒物(PM_{10}),今后将调整增加其他污染物,如一氧化碳,臭氧等。某区域或城市各项污染物中,污染指数最大者,就是该区域或城市空气中的首要污染物。

表8.4　空气污染指数

空气污染指数	空气质量级别	空气质量状况	对健康的影响	建议采取的措施
0~50	I	优	可正常活动	
51~100	II	良		
101~150	III₁	轻微污染	易感人群症状有轻度加剧	心脏病和呼吸系统疾病患者应减少体力消耗和户外活动。
151~200	III₂	轻度污染	健康人群出现刺激性症状	
201~250	IV₁	中度污染	健康人群中普遍出现症状	老年人和心脏病、肺病患者应停留在室内,并减少体力活动。
251~300	IV₂	中度重污染	心脏病和肺部疾病患者症状显著加剧,运动耐受力降低	
>300	V	重污染	健康人运动耐受力降低,有明显的强烈症状,提前出现某些疼痛	老年人和病人应停留在室内,避免体力消耗。一般人群应尽量减少户外活动。

第九章　节气和气象

9.1　阴历、阳历、农历以及干支纪法

　　自古至今,在我国纪时法中,有阳历、阴历、农历以及干支纪法。它们是如何纪时的呢？

　　阳历又称太阳历或纯阳历,是以地球绕太阳一圈的周期为一个回归年。一个回归年的长度是 365.2422 天。为了简便使用,只取回归年的整天数,即 365 天为历年的长度,称为平年,分为 12 个月,1、3、5、7、8、10、12 月为大月,各 31 天;4、6、9、11 月为小月,各为 30 天;2 月为平月,28 天。另每 4 年增加 1 天,编在 2 月的第 29 日,以弥补时间上的差异,这一年称之为闰年。但乃有稍微偏差,于是规定逢百年时需被400 年整除的为闰年,不能整除时乃为平年。历月的长短则是人为规定,与月相盈亏无关。

　　阴历是把月亮圆缺一次的时间作为一个月,共 29 天半。为了算起来方便,规定大月 30 天,小月 29 天,一年 12 个月中,大小月大体上交替排列。阴历一年只有 354 天左右。阴历不考虑地球绕太阳的运行,因此,使得四季的变化在阴历上就没有固定的时间,它不能反映季节,这是一个很大的缺点。为了克服这个缺点,后来人们定出了一种折衷的历,就是所谓的阴阳合历。现在我们还在使用的农历就是这种阴阳合历。

　　农历的特征是既重视月相盈亏的变化,又照顾寒暑节气,年、月长度都依据天象而定。历月的平均值大约等于朔望月(约 29.5 天),历年

的平均值大致等于回归年。大月 30 天,小月 29 天,平年为 12 个月。农历年的平均值大约少回归年(长 365.2422 天)10 天 21 小时。这样,需三年一闰,五年再闰,十九年七闰,闰年十三个月全年 384 天或 385 天。

干支就字面意义来说,就相当于树干和枝叶。我国古代以天为主,以地为从,天和干相连叫天干,地和支相连叫地支,合起来叫天干地支,简称干支。

天干有十个,就是甲、乙、丙、丁、戊、己、庚、辛、壬、癸,地支有十二个,依次是子、丑、寅、卯、辰、巳、午、未、申、酉、戌、亥。古人把它们按照甲子、乙丑、丙寅……(也就是天干转六圈而地支转五圈,正好一个循环)的顺序而不重复地搭配起来,从甲子到癸亥共六十对,叫做六十甲子。

我国古人用这六十对干支来表示年、月、日、时的序号,周而复始,不断循环,这就是干支纪时法。

9.2　怎样划分四季

冬寒、春暖、夏热、秋凉,年复一年出现着这种四季冷暖循环更替变化。

每天早晨太阳从东方升起,晚上在西方降落,好像是太阳绕着地球转。其实不然,太阳是不动的,是地球绕着太阳不停地运动着(称为公转),而且地球还在不停地自转着。由于地球运行的轨道不是正圆形,而且公转轨道面与自转轴间有一定程度的倾斜,于是出现了昼夜长短、太阳高度的周年变化,地面接受太阳也随着发生显著的季节变化,从而形成了寒来暑往,春夏秋冬的四季变化。

四季划分有不同的标准。

根据地球绕太阳公转的位置而划分的季节,称为天文季节,即以两分两至为四季之始,从春分到夏至为春季,从夏至到秋分为夏季,从秋分到冬至为秋季,从冬至到春分为冬季,欧美各国采取这种四季分法。

我国古籍中多用立春、立夏、立秋、立冬作为四季的开始。即自立春到立夏为春季,自立夏到立秋为夏季,自立秋到立冬为秋季,自立冬到立春为冬季。

现在我国采用的四季与欧美各国的一致。在气候统计中为了方便,按阳历月份,以 3、4、5 月为春季,6、7、8 月为夏季,9、10、11 月为秋季,12 月及翌年 1、2 月为冬季。这种划分方法,从气温变化角度来说,是不够准确的,不太客观的。

我国现在通常用候(1 候等于 5 天)平均温度来划分四季的,称为气候四季或温度四季。候平均温度低于 10℃为冬季,高于 22℃为夏季,介于 10~22℃之间为春季或秋季。气候四季的划分,照顾了各地区的差异,为农业服务比天文四季更符合实际一些。

9.3　二十四节气是怎样划分的

二十四节气来源于黄河流域地区,是我国劳动人民自春秋时代开始逐步发展起来的。

有人认为二十四节气从属农历,其实它是根据阳历来划分的,即根据太阳在黄道上的位置,把一年划分为 24 个彼此相等的段落,也就是把黄道分成 24 等份,每等份各占黄经 15 度(图 9.1)。需要说明的是,黄道是假想太阳在天空中周年运行的路线,实际上,是地球的公转轨道

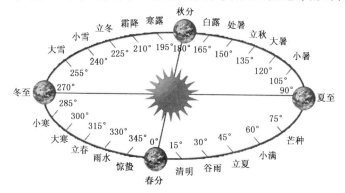

图 9.1　二十四节气划分示意图

面和天球相交的大圆,黄道是古代起的,至今一直沿用下来。

如此等分法,就使得二十四节气的阳历日期,每年大致相同,上半年在 6 日、21 日前后,下半年在 8 日、23 日前后。交节日期 1～2 天之差,是由于地球运动轨道不是正圆,且一年的天数不能被 24 整除等原因造成的。

为了便于记忆,人们把它编成节气歌,有人还写成七言诗。

二十四节气歌

> 春雨惊春清谷天,夏满芒夏暑相连;
>
> 秋处露秋寒霜降,冬雪雪冬小大寒。
>
> 每月两节日期定,最多相差一两天,
>
> 上半年来六、二十一,下半年是八、二十三。

二十四节气七言诗

> 地球绕着太阳转,绕完一圈是一年。一年分成十二月,二十四节紧相连。
>
> 按照公历来推算,每月两气不改变。上半年是六、二十一,下半年逢八、二十三。
>
> 这些就是交节日,有差不过一两天。二十四节有先后,下列口诀记心间:
>
> 一月小寒接大寒,二月立春雨水连;惊蛰春分在三月,清明谷雨四月天;
>
> 五月立夏和小满,六月芒种夏至连;七月大暑和小暑,立秋处暑八月间;
>
> 九月白露接秋分,寒露霜降十月全;立冬小雪十一月,大雪冬至迎新年。
>
> 抓紧季节忙生产,种收及时保丰年。

二十四节气是我国劳动人民长期对天文、气象、物候进行观测、总结的结果,它的含义十分明确。

二十四节气与季节、温度、降水及物候有密切的联系。从节气的含义可知,二十四节气又可以分为四类,立春、立夏、立秋、立冬分别表示春、夏、秋、冬四季的开始,春分、秋分、夏至、冬至是季节的转折点。小暑、大暑、处暑、小寒、大寒五个节气是表示最热、最冷的出现时期。白露、寒露、霜降表示低层大气中水汽凝结现象,也反映气温下降程度。雨水、谷雨、小雪、大雪反映降水情况和程度。惊蛰、清明、小满、芒种是反应物候特征和农作物生长情况。

立春:立是开始的意思,立春就是春季的开始。春有蠢动的意思,天气逐渐回暖。

雨水:降雨开始,雨量渐增。

惊蛰:蛰是藏的意思。惊蛰是指春雷乍动,惊醒了蛰伏在土中冬眠的动物。

春分:分是平分的意思。春分表示昼夜平分。

清明:天气晴朗,草木开始萌发繁茂。

谷雨:雨生百谷。雨量充足而及时,谷类作物能茁壮成长。

立夏:夏季的开始,农作物将借温暖的气候而生长。

小满:麦类等夏熟作物籽粒开始饱满。

芒种:麦类等有芒作物成熟。也是秋季作物播种的最繁忙季节。

夏至:炎热的夏天来临。至者,极也,这一天北半球白天最长,黑夜最短。

小暑:暑是炎热的意思。小暑就是气候开始炎热。

大暑:一年中最热的时候。

立秋:秋季的开始。秋是植物快要成熟的意思。

处暑:处是终止、躲藏的意思。处暑是表示炎热的暑天即将过去。

白露:天气转凉,露凝而白。

秋分:昼夜平分。从这一天后,北半球开始昼短夜长。

寒露:露水已寒,将要结冰。

霜降:天气渐冷,开始有霜。

立冬:冬季的开始。冬是终了,是作物收割后要收藏起来的意思。

小雪:开始下雪。

大雪:降雪量增多,地面可能积雪。

冬至:寒冷的冬天来临,开始进入数九寒冬。这一天,北半球白天最短,黑夜最长。

小寒:气候开始寒冷。

大寒:一年中最冷的时候。

9.4　节气和农事

　　虽然二十四节气来源于黄河流域地区,但是,由于它反映了农事季节,又便于掌握和指导农事活动,因而逐渐推广到全国各地,并结合各地农业生产和气候特点,创造了适合各地农事活动的二十四节气歌谣或谚语。

　　这里辑录的是黄河流域二十四节气农事歌。

　　立春春打六九头,春播备耕早动手,
　　一年之计在于春,农业生产创高优。

　　雨水春雨贵如油,顶凌耙耱防墒流,
　　多积肥料多打粮,精选良种夺丰收。

　　惊蛰天暖地气开,冬眠蛰虫苏醒来,
　　冬麦镇压来促墒,耕地耙耱种春麦。

　　春分风多雨水少,土地解冻起春潮,
　　稻田平整早翻晒,冬麦返青把水浇。

　　清明春始草青青,种瓜点豆好时辰,
　　植树造林种甜菜,水稻育秧选好种。

　　谷雨雪断霜未断,杂粮播种草迟延,
　　家燕归来淌头水,苗圃枝接耕果园。

　　立夏麦苗节节高,平田整地栽稻苗,
　　中耕除草把墒保,温棚防风要管好。

　　小满温和春意浓,防治蚜虫麦秆蝇,

稻田追肥促分蘖,抓绒剪毛防冷风。

芒种雨少气温高,玉米间苗和定苗,
糜谷荞麦抢墒种,稻田中耕勤除草。

夏至夏始冰雹猛,拔杂去劣选好种,
消雹增雨干热风,玉米追肥防粘虫。

小暑进入三伏天,龙口夺食抢时间,
玉米中耕又培土,防雨防火莫等闲。

大暑大热暴雨增,复种秋菜紧防洪,
勤测预报稻温病,深水护秧防低温。

立秋秋始雨淋淋,及早防治玉米螟,
深翻深耕土变金,苗圃芽接摘树心。

处暑伏尽秋色美,玉米甜菜要灌水,
粮菜后期勤管理,冬麦整地备种肥。

白露夜寒白天热,播种冬麦好时节,
灌稻晒田收葵花,早熟苹果忙采摘。

秋分秋雨天渐凉,稻黄果香秋收忙,
碾谷脱粒交公粮,山区防霜听气象。

寒露草枯雁南飞,洋芋甜菜忙收回,
管好萝卜和白菜,秸秆还田秋施肥。

霜降结冰又结霜,抓紧秋翻蓄好墒,

防冻日消灌冬水,脱粒晒谷修粮仓。

立冬地冻白天消,羊只牲畜圈修牢,
培田整地修渠道,农田建设掀高潮。

小雪地封初雪飘,幼树葡萄快埋好,
利用冬闲积肥料,庄稼没肥瞎胡闹。

大雪腊雪兆丰年,多种经营创高产,
及时耙耢保好墒,多积肥料找肥源。

冬至严寒数九天,羊只牲畜要防寒,
积极参加夜技校,增产丰收靠科研。

小寒进入三九天,丰收致富庆元旦,
冬季参加培训班,不断总结新经验。

大寒虽冷农户欢,富民政策夸不完,
联产承包继续干,欢欢喜喜过个年。

9.5　伏天有早晚长短之别

伏是我国二十四节气以外的一个杂节气。伏是藏伏的意思,表示阴气受阳气所迫藏伏地下之意。显然,借"伏"字表示盛夏季节。伏分为头伏(初伏)、中伏和末伏,是一年中最热的时期。

翻开历书会发现,每年伏天有长有短,长的 40 天,短的 30 天。入伏的日期有早有晚,早的可提前到 7 月上旬,晚的可推迟到 7 月中下旬。这是与采用"干支纪法"来规定伏日有关的。

按照农历规定,从夏至开始,第三个庚日为初伏开始,第四个庚日为中伏开始,立秋后的第一个庚日为末伏开始。

而庚日每 10 天出现一次,一年为 365 天或 366 天,不是 10 的整数倍,所以,每年庚日出现的日期是不相同的。

如果夏至当天就是庚日,那么,这一年入伏的时间就早;如果赶上夏至的前一天是庚日,由于夏至后的第一个庚日离夏至最远,相应地按第三个庚日入伏就最晚了。

同样,按照干支纪法,在夏至到立秋这 47 天中,可能有 4 个庚日,也可能有 5 个庚日,即第 5 个庚日出现在立秋之前还是立秋之后。如果第 5 个庚日出现在立秋之前,那么第四个到第五个庚日间的 10 天仍属中伏,而从第 6 个庚日起为末伏开始,这一年中伏就是 20 天了。如果第 5 个庚日出现在立秋之后,那立秋后,第 1 个庚日为末伏开始,这一年中伏就是 10 天。不难看出,初伏和末伏都为 10 天,而中伏有时是 10 天,有时是 20 天。

不过,自入伏到出伏,每年整个三伏天是在 7 月 12 日到 8 月 27 日范围内变动着,这是一年中最热的时期。

9.6 冬九九和夏九九

数九这得要从冬至说起,它作为一个大节日,还是古时的事。辛亥革命以后,冬至节俗日益减弱。但是,从冬至日起"数九"习俗还在民间影响深远,妇孺皆知,流传甚广。这是因为"数九"富含消闲趣味,它更生动形象地描绘了农家百事与"九九"气候的紧密关系,客观记录了我国各地寒冬腊月的物候现象与民俗活动。实际上也可以看作是一份有形的气象资料记载。

"数九"习俗起源很早,最早文字记载见于公元 550 年南朝梁代宗懔所著《荆楚岁时记》:"从冬至日数起,至九九八十一日,为寒尽。"冬至后的第一个九天为"一九",第一天谓之"进九",第二个九天为"二九",依此类推,数到九个九天最后的一日,就到了"九尽"春来之时,谓之"出九"。

"数九"的习俗很多,以"九九歌"最为广泛和悠久。在一年之中最寒冷时节里,屈指数日的人们比较闲暇,通过对天气寒暖、物候以及人事物事的观察,凭着长期的经验进行了形象记录和概括,将"数九"编成动人歌谣,称作"九九消寒歌",流传于民间口头,以致数九消寒。不难看出,歌谣巧妙地利用自然界的物候现象,生动反映九九中的天气变化规律。"数九"的过程正是寒尽转暖、寒消暖长的过程。

九九消寒歌在全国大部分地区都有流传,尤以北方为多。北方冬季严寒,所以九九消寒歌不仅名实相符,并且也有实际存在的意义。

现存最早的九九歌谣,据说是明代杨慎《丹铅录》中"九九歌":"一九二九,相唤不出手。三九二十七,檐头出筝篓(古时一种形似簧管乐器,形容冰棱挂屋檐)。四九三十六,夜眠如露宿。五九四十五,太阳开门户。六九五十四,树头青渍渍。七九六十三,布纳两头摊。八九七十二,猫狗寻荫地。九九八十一,犁耙一齐出"。此歌至今流传于杭州一带。

人们传唱最普遍的,是刘侗《帝京景物略》中所记载的:"一九二九,相唤不出手;三九二十七,篱头吹筝篓;四九三十六,夜眠如露宿;五九四十五,家家堆盐虎;六九五十四,口中呿暖气;七九六十三,行人把衣单;八九七十二,猫狗寻阴地;九九八十一,穷汉受罪毕;才要伸脚睡,蚊虫蛴蚤出"。

但因我国南北气候相差悬殊,城乡生活迥异,所以各地有不同"九九歌"。如流传在北京地区"九九歌"是这样的:"一九二九不出手,三九四九水上走(天寒,水上结冰),五九六九养花看柳,七九河开,八九雁来,九九又一九,遍地耕牛走"。而闽台地区的"冬九九"歌诀又是:"一九二九不动手,三九四九寒气流,五九六九河垂柳,七九雨水至,八九始惊蛰,九九再一九,遍地是耕牛"。

"九九歌"合辙押韵,易记上口,流传久远。它生动形象地描绘农家百事与"九九"气候的紧密关系,客观记录了我国各地寒冬腊月的物候现象与民俗活动,它是我国人民积累无数代经验的结晶。

《九九歌》简捷明快,形象生动,是一首优美的民间时令歌谣。如果说《九九歌》是以生动明快的歌谣形式描述冬春节律的递变,那么《九九消寒图》则更以图画的形式,直接把冬春的嬗变诉诸人们的视觉,且更显得雅致和具有香艳的色彩。

明代出现了"画九"的习俗。所谓的画,实际上是冬至后计算春暖日期的图。明代《帝京景物略》载:"冬至日,画素梅一枝,为瓣八十有一。日染一瓣,瓣尽而九九出,则春深矣,曰九九消寒图"。

更有韵致的是,妇女晓妆染梅。明人杨允浮《滦京杂咏一百首》咏及此俗,其自注云:"冬至后,贴梅花一枝于窗间,佳人晓妆,日以胭脂日涂一圈,八十一圈既足,变作杏花,即暖回矣"。这种设计,可谓独出机杼,由梅而杏,由冬而春,季节的变换又与佳人晓妆的胭脂联系,真让人叫绝。无怪乎杨氏有诗以咏之:试数窗间九九图,余寒消尽暖初回。梅花点遍无余白,看到今朝是杏株。

这种"画九",到清代时变得简单多了。《燕京岁时记》说:"'消寒图'乃九格八十一圈,自冬至起,日涂一圈"。这就是说,在纸上画九宫格(9 个方块),每宫内画 9 个圆圈,每天涂一圈。不过涂法上却有讲究,只点染圈内的局部,不是全涂黑,涂法口诀是:"上阴下晴雪当中,左风右雨要分清;九九八一全点尽,春回大地草青青"。而民间留有这种九九消寒图民谚是:"下点天阴上点晴,左风右雨雪中心。图中点得墨黑黑,门外已是草茵茵"。等到把圆圈全部点染完毕,便是回黄转绿之际矣。这样点,便于计算阴晴雨雪天数。照《京都风俗志》的说法,还有"以估米年丰歉"的意义在里面。

也有更简单的法子:一张纸上划一大"井"字,成 9 个方块,每块再划小"井"字,成 81 小方块。这已经不是消寒图,而称为"九九消寒表"了。

继"画九"后,清代又出现了"写九"的习俗。"写九"的文化味也是很浓的。

在文人的书斋里,九宫格内变成各写一字,每字均九笔,从头九第一天开始填写(类似书法练习中的"描红"),每日黑其一笔。九字填完正好八十一天。有意思的是,每天填完一笔后,还要用细毛笔着白色在笔画上记录当日天气情况,所以,一行"写九"字幅,也是九九天里较详细的气象资料。

清夏仁虎《消寒图》诗曰:"亭前垂柳待春风,珍重亲涂一画红。九九图成春已至,宸居真可亮天工"。它描述了九九消寒句的制作和涂法，这九字，即"亭前垂柳珍重待春风"。

那时，最喜欢玩弄这种"写九"《消寒图》的，莫过于私塾及学校中的小学生了，他们的消寒图最普通也莫过于写"庭前垂柳珍重待春风"九字了。先用毛笔写好，再用一张白纸蒙上，用双钩的办法，把这九个字用红笔（当时叫朱笔）影写下来，便都是空心字了。按笔划每天描一笔，描完之后，正好是在春暖花开、姹紫嫣红时，非常有意义，乃是很别致的一幅《九九消寒图》。

那时，小学教师还让学生们自己编制《九九消寒图》。先让学生查字典，找出许多"九笔"的字来，然后再编成一句"九言词句"，教师修改，制成红笔空心字图，然后再评定优劣。同学们感到十分好玩，特别挖空心思去制作。但是想着容易，凑起来却十分困难。有一个同学，凑了一句"盼春信，待看某俏柳染"。大为老师所赞赏，说他知道"某"是"梅"字的古体，是很好的，把他评为第一。

最雅致的是作九字对联。每联九字，每字九画，每天在上下联各填一笔，如上联写有"春泉垂春柳春染春美"；下联对以"秋院挂秋柿秋送秋香"，称为九九消寒迎春联。

当然，这数九习俗是与我国传统哲学中的阴阳的消长有关系的。阳长阴消象征暖来寒去。九为"至阳"之数，也称老阳，九又是"至大"之数。"至阳"之数的积累意味着阴气的日益消减，累至九次已到了头，意味着寒去暖来，"春已深矣"了。

夏九九是相对于人们常说的冬九九而言的。夏九九是从夏至日开始数至81天，共分九个段落，按序称为"一九，二九……九九"。

类似冬九九，人们也编出一些夏九九歌谣，在民间流传。如北方黄河流域流传的夏九九歌谣。

一九二九，扇子不出手。

三九二十七，冰水甜如蜜。

四九三十六，衣衫汗湿透。

五九四十五，树头秋叶舞。

六九五十四，乘凉勿入寺。

七九六十三，床头寻被单。

八九七十二,思量添夹被。

九九八十一,家家寻棉衣。

20 世纪 80 年代初,湖北省河口市拆除禹王庙时,在正厅的榆木大梁上,也发现了一首夏九九歌谣。

夏至入头九,羽扇握在手。

二九一十八,脱冠着罗纱。

三九二十七,出门汗欲滴。

四九三十六,卷席露天宿。

五九四十五,炎秋似老虎。

六九五十四,乘凉进庙祠。

七九六十三,床头摸被单。

八九七十二,子夜寻棉被。

九九八十一,开柜拿棉衣。

不难看出,上述两个夏九九歌,虽然有地域上的差异,但是,它们都是通过当地物候特征和人们自身的冷热感觉及其相应的应对措施,间接地反映了夏季从较热经炎热又逐渐转凉的天气变化过程。

9.7　民间测天谚语解读

千百年来,我国劳动人民在和大自然斗争中,积累了不少看天经验,用简明生动的语言编成谚语,用来预测未来的天气,这些谚语有一定的科学道理,也有一定的实用价值。然而由于地域辽阔,南北天气气候相差很大,表现在天气谚语上,地方特色就很明显。另外,还受其他气象条件的制约,所以不能单凭一条谚语,就对未来天气变化作出绝对的结论,而是要科学分析,灵活应用。

9.7.1　热在三伏,冷在三九

前面我们已经介绍了伏日与九九的概念,它们分别是从夏至和冬至算起的。按照太阳所在的位置,夏至前后和冬至前后应该是一年最热和最冷的时候,怎么会有"冷在三九,热在三伏"这样的谚语呢。原来冷与热不仅与太阳位置有关,还与地面热量收支有关呢。

人们常用"热在三伏"这句话来形容盛夏的气候特点。这种说法在我国有着悠久的历史。早在秦代,就把一年中最热的时候叫做伏天。根据《史记·秦纪》记载,那时就规定每年从夏至以后第 3 个庚日开始入伏,叫做"初伏"(或叫"头伏"),第 4 个庚日以后叫"中伏",立秋以后第一个庚日为"末伏"的始日。

由于各年庚日不同,所以入伏的时间各年也不一样。一般来说,每伏为 10 天,但是,如果夏至以后第 5 个庚日出现在立秋之前,这一年的"中伏"就是 20 天了。三伏一般出现在每年 7 月中旬到 8 月中旬之间,这时也正好是一年中最热的时候。

大家都知道,地球的热量主要来源于太阳。我国处于北半球,春分过后,太阳直射点开始慢慢移到北半球,我国各地日照时间逐日增加。到了夏至这一天,太阳直射北回归线,我国大部分地区白昼最长,日照时间最多,按理说,夏至应是一年中最热的时候。然而三伏天却从夏至以后的第 3 个庚日算起,这是与地球的热量收支有关系的。地球白天吸收太阳辐射来的热量,夜间又把部分热量放射到空中。进入春季,特别是进入夏季,地球白天吸收的热量越来越超过夜间散失的热量,这样,地面上积累的热量逐渐增多,气温也随之逐渐升高。而夏至这一天,虽说地球吸收的热量最多,却不是地面积蓄热量最多的一天。夏至以后,地面每天仍在继续储蓄热量。到了三伏天,正是一年中地面积蓄热量最多的时候。显然,这与一天中最高气温不是出现在正午而是在午后 2 时左右的道理是一样的。

根据我国 2000 多个气象台站的气象资料,我国大陆上大部分地区确实是"热在三伏",只不过南方热在"中伏",而北方因初秋降温快而热在"头伏"罢了。但在沿海岛屿和滨海地区,由于海洋热容比陆地大,因而升到全年最高气温的时间也比大陆的晚,最热时间一般在"末伏"。此外,我国也有一些地方(主要是西南地区和南海诸岛),最热时间却不在三伏之内。比如,拉萨最热天气是在 6 月上旬,西沙群岛在 5 月下旬。

当然,以上指的是多年平均情况,具体到某个年份,也有例外。比如,1978 年长江中下游地区梅雨期特短(即"空梅"),全年最热时间发生在 6 月 26 日至 7 月 11 日。该年在 7 月上旬平均气温,南京为 32.3℃,比长年平均值偏高 5.3℃,旬内日最高气温天天高达 39℃左右。

在盛夏三伏天,受副热带高压的影响,我国江淮流域多晴空少雨,容易出现干旱(称为"伏旱"),在这闷热难耐、庄稼"渴"得难受之时,偶尔袭来的台风送来了及时雨,会解除或缓和这些地区的"伏旱"。而随着雨带北抬,会在黄淮、华北、东北等地造成一次次强降水天气过程(称为"伏汛")。副热带高压南侧常常有台风活动,会给我国南方带来大量降水。因此,在伏天里,既要注意抗旱,又要注意防涝。

炎热的三伏,虽给人们的生活和生产带来诸多不便,但是给作物生长创造了有利的条件。"三伏要热,五谷才结"就是这个意思。比如,农业气象中的"伏桃"一词就是指在伏天里形成的棉桃,由于这期间天气晴好,高温少雨,则结桃大,吐絮早,品质好,因此,多结"伏桃"是确保棉花丰产的一个关键问题。此外,三伏期间的降水(称为"伏雨",有人泛指夏季的降水),对我国某些地区来说,在年雨量中占有很大的比重,"夏雨春用"、"三伏有雨多种麦"等说法表明了"伏雨"对有些地区的重要意义,因此,在防汛的同时要注意蓄水。当然,还须注意高温对水稻的热害影响。盛夏时节,正值早稻或早中稻的灌浆期,如温度过高,日最高气温连续 3 天以上超过 35℃,会使水稻灌浆期缩短,千粒重降低,导致水稻的半实率和秕粒率增加 10%～30%,高者可达 40%～50%,因此,在伏天里要加强对早稻的管理。

与上面的道理一样。冬至这一天,在北半球,白昼最短,黑夜最长。这就是说,这时候太阳照射时间最短,地面吸收的热量最少,而夜晚放散出去的热量却最多。初看起来,冬至应是最冷的时候,但实际上不是这样的。冬至以后,白天虽然渐渐长了,黑夜渐渐短了。可是就一天来说,仍然是白天短,夜间长,地面每天吸收的热量还是比散失的热量少,使气温继续一天天降下来。到三九前后,地面积蓄的热量最少,天气也就最冷了。再往后,地面吸收的热量又将逐渐增多,气温也就随着逐渐回升了。因此,一年中最冷的时候,一般出现在冬至后的三九前后。

9.7.2　霜前冷,霜后暖

我们已经说过,霜是风小少云天气的产物,更需要寒冷相配合。这就是说,在霜出现前,要有冷空气或者说寒潮袭来。刺骨的寒风呼呼吹着,使得靠近地面一层的空气不能在地面上滞留很长时间,不能充分冷却,这样霜就很难出现了。寒潮过后,风小了,近地面的冷空气与地面接触时间长了,就能充分冷却,水汽达到饱和,直接凝华成霜了。而霜后的天气一般维持晴好,阳光充足,气温一天天回升,于是人们感觉霜后比霜前要暖和一些。

9.7.3　下雪不冷融雪冷

在我国北方,有"下雪不冷融雪冷"这样一条民谚。

要解释这条谚语,得先从下雪说起。在冬季,我国各地,特别是北方经常会受到寒潮的侵袭。寒潮本身就是从北方向南流动的一股强烈的又冷又干的空气。当它前缘和其南边的暖湿空气接触时,就会把暖湿空气抬升到高空去,使其中的水汽迅速凝华成冰晶,又逐渐增大成为雪落下来。

一般来说,寒潮来临前,南方暖湿气流很活跃,天气会呈现出短暂的暖意。下雪的时候,多半是寒潮刚刚来到的时候,暖湿空气还没有被"赶尽"。而水汽凝华成雪花,也会放出一定潜热,加上下雪时,天空往往布满乌云,像一条厚厚的被子遮盖着大地,能有效地阻止地面热量向空中散失。由于这些原因,就会使人感觉下雪前及下雪时的天气并不太冷。

寒潮过境后,降雪停止了,云也消散了,天空变得晴朗起来,这样,失去了云这层"保温被",地面就会向外散失大量热量。另外,积雪在阳光下,发生融化现象,雪融化时又要吸收大量的热量。因此,人们就会感觉天气反而冷一些了。

9.7.4　东虹日出西虹雨

要解释这条谚语,先从虹说起。

夏天雨后,乌云散去,太阳重新露出来,在太阳对面的天空中,常常会出现半圆形的彩虹。

我们知道,当太阳光通过三棱镜的时候,在前进的方向上会发生偏折,而且把原来的白色光分解为红、橙、黄、绿、蓝、靛、紫七种颜色的光带。

下雨时,或在雨后,空气中充满着的水滴,就类似于棱镜,当阳光经过水滴时,如果角度适宜,同样也会形成彩虹现象。可见,虹是大气里的一种光象。但它不是随随便便就能"出来"的,只有大气层里有较大的水滴时,才会有虹出现。反过来说,如果天空中有虹出现,就表明大气里有较大的水滴存在,在虹的顶头上也可能已在下雨了。

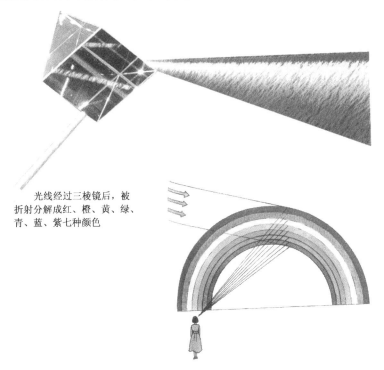

光线经过三棱镜后,被折射分解成红、橙、黄、绿、青、蓝、紫七种颜色

图 9.2 虹的形成示意(李宗恺,1998)

如果虹在东边,表明在我们东边的大气里有雨存在。我国大部分地区处在西风带里,多数天气系统是有规律地自西向东运动的,东边的坏天气是会越来越向东移去。如果虹在西边,表明在我们西边的大气里有雨,随着大气的运动,雨就会落到我们这个地方来了。因此,东边出现虹时,本地是不太容易下雨的,而西边出现虹时,本地下雨的可能性却很大。

西　　　　　　　　　　　　　　　　　　　　东

图 9.3　西虹雨示意(《十万个为什么》编写组,1971)

9.7.5　日枷风,月枷雨

在天空中,我们会看到太阳或者月亮外围有一个相当大的白色或者彩色光环,它们好像套在太阳或月亮外面的一个圆枷,所以有人叫它"日枷"和"月枷",在气象学中叫做晕,民间又叫做风圈。所以这条谚语又有"日晕雨,月晕风"的说法,意思都一样的,是说当出现晕时,天气要变坏的。

在离地面六七千米的高空,有时会有一种叫卷层云的薄云,呈乳白色丝缕状,有无数小冰晶组成,它们就像三棱镜一样,当日光或月光照到它们时,就会产生反射和折射现象,如果角度合适,就会形成晕。

由于晕是伴随着天空的卷层云而出现的。而卷层云是"暖锋"云系的先导,它出现后,比它低的高层云和比它更低的雨层云将会相继到来,就可能下雨(或雪)刮风。

因此,当我们看见晕时,表示有很薄的由冰晶组成的高云存在。虽然我们这里天气目前还很平静,但是高空已经有暖锋面存在。一般来说,卷层云的后面就会跟着移来中低云系,从而产生降水。若移来的天气系统比较干燥,则可能不会下雨,只刮一阵风就又放晴了。

当然,这并不意味着每次有了"日枷"、"月枷",一定要刮风下雨,只不过说明无论日晕还是月晕都是坏天气的一种预兆,至于风雨有无还要看其他气象条件而定,不能一概而论。比如,当降水云系移出本地后,后面的云层在变薄消散中,也会出现一些卷云和卷层云,说不定也会出现晕,然而这时的晕反而是天气变好的预兆了。

9.7.6　鱼鳞天,不雨也风颠

鱼鳞天,指的是天空里,紧密地排列着一些整齐的小云块,从地面望上去,好像鱼的鳞片,斑斑点点,又像轻风吹过水面所引起的水波纹,煞是好看。在气象学上,这类云叫做卷积云。

卷积云一般不单个儿出现,往往跟着它的同族兄弟——卷云、卷层云一起出现。

在坏天气来临前,往往先有卷云、卷层云到来。如果高空气流不稳定,那么,有些卷云、卷层云中就有波动发生,云体会转变成卷积云,它又很容易变成高积云。在不稳定条件下,高积云会继续增厚变成雨层云,预示着坏天气来了。因此,当天空布满卷积云时,是天气将要转阴雨的一种征兆。所谓"鱼鳞天,不雨也风颠",指的就是这种情况。

一般来说,位于冷锋前的卷积云,预示冷锋的来临,将要出现坏天气。

图 9.4　鱼鳞天示意(《十万个为什么》编写组,1971)

9.7.7　天上钩钩云,地上雨淋淋

钩钩云,气象学上称为钩卷云,往往在七八千米的高空出现,呈丝缕状,向上的一端有小钩或小簇,像逗点符号,钩卷云往往平行排列,云层薄而透明。

钩卷云大多数出现在冷暖空气交界区的低气压前面。由于冷暖空气相遇,暖湿空气被抬升,将水汽带到高空,因温度下降而产生凝结现象,形成了高度不等的云层,如低层有雨层云、层积云,中层有高积云、高层云,高层有卷云,钩卷云等。在天气变化前,我们总是先看到高的云,然后才到中云,低云。所以当看到高空有钩卷云有系统地侵入天空后,接着就要出现高积云等中云,而后低云随之出现。一般来说,高积云、雨层云的来临,不久就要下雨了。

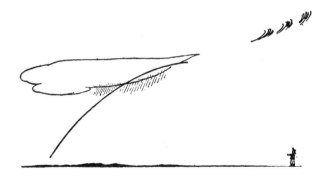

图 9.5　钩钩云示意(《十万个为什么》编写组,1971)

所以人们称钩钩云是冷空气的"尖兵",钩卷云或卷云常常指示着低气压移动的方向,成为下雨的前兆。

9.7.8　冬南夏北,转眼雨落

这句谚语的意思是,冬天吹南风,夏天刮北风,如果风力比较大,那么,不久就会下雨了。

冬天,我国大部分地区天气比较冷,这种冷空气来自欧亚大陆的北方,比如西伯利亚和蒙古国。因此,我国各地经常吹北风或西北风,由

于冷空气干燥,在这种冷而干燥的空气控制下,冬天多晴好天气。但是,如果一旦刮起了南风,由于南风多来自南方海洋上,相对来说,它比较暖热,而且潮湿,与冷空气相遇,就会使其中的水汽凝结成水滴,落下雨来。所以一般来说,在冬天刮南风,会出现落雨或下雪现象。

夏天就不一样了。我国大陆上经常刮的是偏南风,它暖热而且湿润;一旦北方的冷空气下来,刮起北风,那么,热的南风与冷的北风碰在一起,显然,又要下雨了。

由此,我们可以根据冬夏季节里风向的变化,也可以粗略地预测一下未来天气会不会下雨。

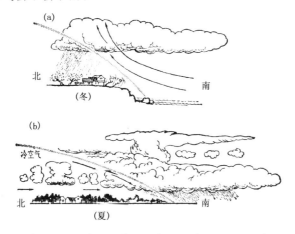

图 9.6　(a)冬天刮南风示意;(b)夏天刮北风示意

(《十万个为什么》编写组,1971)

9.7.9　一场春雨一场暖

大家都知道,冬天过去了是春天,春天过去了是夏天。春天一到,天气总是向暖和的方向发展的。"一场春雨一场暖"就包含着这种天气总的趋向的道理。那么,"春雨"与"暖"之间的关系又是为什么呢?

春季,太阳照射北半球的时间逐渐增长,太平洋上的暖、湿空气随着向西向北伸展。当暖湿空气向北推进,并在北方冷空气边界上爬升时就产生了雨。它在爬升过程中,也将冷空气向北排挤,往往结果是暖空气占领了原来被冷空气盘据的地面。因此,在暖空气到来之前,这些地方往往要下一场春雨。"一场春雨一场暖"的感觉就是因为这个缘故。

一场春雨过后,受暖空气控制,天气转暖。但是,以后如果冷空气向南反扑过来,暂时也会出现一两天比较冷的天气。不过,用不了几天,这团冷空气吸收太阳辐射的热量,又受到南方暖的地面影响,使本身的温度升高,就会逐渐变成暖空气了。因此,人们总是感到,春天下过雨后,只要天气晴朗,一般来说,总是暖洋洋的。

当然,如果春雨持续时间比较长,也会出现比较寒冷的天气,这是需要注意的。

9.7.10 一场秋雨一场寒

大家都知道,夏天过去了是秋天,秋天过去了是冬天。秋天一到,天气总是向寒冷的方向发展的。"一场秋雨一场寒"就包含着这种天气总的趋向的道理。那么,"秋雨"和"寒"之间的关系又是为什么呢?

秋天,北方如西伯利亚一带的冷空气堆积越来越多,一股股冷空气常常南下进入我国大部分地区,当它与还在逐渐衰退的暖湿空气相遇后,就形成了雨。一次次冷空气南下,常常造成一次次降雨,也将暖空气向南排挤,并占领下来。这样,随着一次次冷空气侵入,使得这里的温度一次次降低。而且,随着太阳直射点逐渐向南移动,使北半球获得太阳光热一天天减少,导致暖空气的强度势必越来越弱,更有利于冷空气增强和南下。因此,几次冷空气南下后,当地的温度就显得很低了。

9.7.11 瑞雪兆丰年之解

瑞雪为什么能兆丰年? 概括起来,有 6 大作用。

其一,"瑞雪兆丰年"在于积雪层对越冬作物的防冻保暖作用。当地面积雪厚度为 20 厘米时,积雪的表面温度比雪下地表温度要低15℃之多。当积雪厚度达 30 厘米时,即便气温降低到−30℃时,小麦也不会遭受冻害。

其二,"瑞雪兆丰年"在于积雪的增墒抗旱作用。大雪降到田间,成为一个天然的覆盖层,可以有效地抑制土壤水分的蒸发;地面积雪在来年春季大地回暖时,缓慢融化,融化了的雪水流失少,大部分渗入土中,增加了土壤的水分,就像进行了一次灌溉一样,对缓解春旱、做好春耕播种大有好处。

其三,"瑞雪兆丰年"在于积雪的肥田作用。雪可吸附空气中大量的游离气体,通过化学反应,生成氮化物,当雪融化时,这些氮化物便随雪水渗入土壤中,从而增加了土壤肥力。据测量,一升雨水含氮化物1.5克,而一升雪水中含氮化物可达7.5克之多,显然雪水会增加土壤的肥力。此外,由于在雪被覆盖下,土壤冻结深度较浅,树叶、草根等能够继续腐烂变成肥料。

其四,"瑞雪兆丰年"在于雪的杀虫作用。明代李时珍《本草纲目》曰:"腊前三雪,大宜菜麦,又杀虫蝗"。积雪阻塞了地表空气的流通,可使一部分在土壤中越冬的害虫窒息而死。雪融化时,由于要消耗大量的热量,而使土壤温度骤然降低,此时,可把土壤表面与作物根茬里的害虫和虫卵冻死,使来年农作物生长时的虫害大大减少。

其五,"瑞雪兆丰年"在于雪水具有显著的增产效应。明代李时珍的《本草纲目》曰:"用(雪)水浸五谷,则耐旱不生虫"。例如,稻种经过雪水浸后,催出的稻苗根芽粗壮,插于大田,分蘖也多,比起用井水浸种,增产达20%左右。用雪水浸泡黄瓜种子,发芽率比普通水浸泡的要高40%。在黄瓜生长期用雪水浇灌,产量可增加21%。棉花种子用雪水浸泡可增产1~2成。新疆沙漠和西藏高原有些地方种植的瓜果蔬菜,之所以长得肥大壮硕,是和那里灌溉之水来自天山和昆仑山的融雪有一定关系的。试验还表明,三个月内的小猪,饮用雪水比饮用普通水,体重可增加2/3。用雪水喂母鸡,比饮普通水的母鸡,其产蛋量也有明显增加。

其六,"瑞雪兆丰年"在于雪水具有提高作物品质效应。用雪水浇灌农作物可提高作物的品质。有人作过调查,新疆的哈密瓜和无核葡萄之所以甘甜味美,就是有大量的雪水浇灌的作用。用雪水浇灌的粮食和果类也都会明显提高品质。

那么,瑞雪为什么会有上述如此奇特的功能? 这是由它本身所具有的性质所决定的。

一、新降的雪疏松多孔,能够贮存大量空气,有防冻保暖作用。

二、融化后的雪水中含重水少,每千克雪水中含重水是普通水的四分之一。重水是一种带放射性的物质,对各种生物的生命活动有强烈的抑制作用。由于雪中重水含量少,所以用雪水浸种、浇灌和进行叶面喷洒各种作物和水果时,有利于促进作物生长发育,具有增加产量的效果。

三、雪水的理化性质与一般水也不一样。雪水由于经过冰冻,排除了其中气体,导电性质和密度发生了变化。研究表明,雪水就其生理性质而言,和生物细胞内的水的性质非常接近,因此,表现出强大的生物活性。植物吸收雪水的能力,比吸收自来水的能力大 2～6 倍。雪水进入生物体后,能刺激酶的活性,促进新陈代谢。

四、雪水中含有较多的氮化物,比雨水中的氮化物多 5 倍,比普通水更高,可以说是一种肥水。

人们所说的"瑞雪兆丰年"中的"瑞雪",指的是适得其时又适得其量的雪,不能泛泛地讲"雪兆丰年"。

所谓适得其时,是指下雪的时间正好是该下雪的时候。一般来说,冬季下雪是好的,而在从冬至日(12 月 22 日左右)起开始"数九"的整个"九"里下雪应该说是最好的。我国有谚语"清明(4 月 5 日左右)断雪",讲的是清明以后就不再下雪了。如果季节回暖早,就是"七九"以后的雪也不是适时的雪,俗话说:"七九雪毒如药"。

所谓适得其量,是指起码降雪量为中等以上的雪。一个冬天里能够下几场大雪,那就更好了。如果降雪量不足 2.5 毫米,不能算是"瑞雪"。当然,降雪量亦不能太大,如果碰上暴风雪,则会给农牧业带来灾害,如我国内蒙古等地的白灾就是因为雪大风大造成的。

第十章 气候变化和环境热点话题

10.1 什么是气候变化

我们已经说过,气候是指某一长时期内(月、季、年、数年到数百年及以上)气象要素(如温度、降水、风等)和天气过程的平均或统计状况,主要反映的是某一地区冷暖干湿等基本特征,通常由某一时期的平均值和距此平均值的离差值(气象上称距平值)表征。

气候变化是指气候平均状态统计学意义上的巨大改变或者持续较长一段时间(典型的为 10 年或更长)的气候变动。《联合国气候变化框架公约》(UNFCCC)第一款中,将"气候变化"定义为:"经过相当一段时间的观察,在自然气候变化之外由人类活动直接或间接地改变全球大气组成所导致的气候改变"。可见,这个公约将因人类活动而改变大气组成的"气候变化"与归因于自然原因的"气候变率"区分开来。

我们赖以生存的地球是一个极其复杂的系统,气候系统是构成这个地球系统的重要一环。在漫长的地球历史中,气候始终处在不断地变化之中。究其原因,概括起来可分成自然的气候波动与人类活动的影响两大类。前者包括太阳辐射的变化、火山爆发等。后者包括人类燃烧矿物燃料以及毁林引起的大气中温室气体浓度的增加、硫化物气溶胶浓度的变化、陆面覆盖和土地利用的变化等。

气候系统所有的能量基本上都来自太阳,因此,太阳本身辐射的变化被认为是引起气候系统变化的一个外因,比如太阳黑子数多时地球偏暖,低时地球偏冷。引起太阳辐射变化的另一原因是地球轨道的变化。

　　另一个影响气候变化的自然因素是火山爆发。火山爆发之后,向高空喷放出大量硫化物气溶胶和尘埃,可以到达平流层高度。它们可以显著地反射太阳辐射,从而使其下层的大气冷却。

　　在气候的自然变化中,大气与海洋环流的变化或者脉动是造成区域尺度气候要素变化的主要原因,厄尔尼诺就是大气与海洋环流变化的重要例子,它的变化影响着大范围甚至半球或全球尺度的天气与气候变化。

　　关于人类活动对气候变化的影响,有越来越多的研究表明,近百年人类活动加剧了气候变化的进程。最新发表的权威报告——联合国政府间气候变化专门委员会(IPCC)第四次评估报告第一工作组报告的决策者摘要指出,人类活动与近 50 年气候变化的关联性达到 90%。

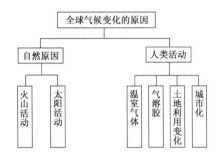

图 10.1　全球气候变化原因方块图
(《气候变化——人类面临的挑战》编写组,2007)

10.2　什么是温室效应

　　生活中我们可以看到的玻璃花房和蔬菜大棚就是典型的温室。使用玻璃或透明塑料薄膜来做的温室,是让太阳光能够直接照射进温室,加热室内空气,而玻璃或透明塑料薄膜又可以不让室内的热空气向外散发,使室内的温度保持高于外界的状态,以提供有利于植物快速生长的条件。可见温室有两个特点:温度较室外高,不散热。类似的,大气能使太阳短波辐射到达地面,但地表向外放出的长波热辐射却被大气吸收,这样就使地表与低层大气温度增高,因其作用类似于栽培农作物的温室,故名温室效应。温室效应是地球大气的一种物理特性。假若没有大气,地球表面的平均温度不会是现在适宜的 15℃,而是十分低的 -18℃。

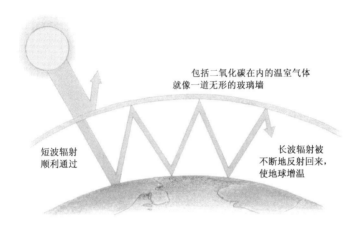

图 10.2　温室效应示意(李宗恺,1998)

能够产生温室效应的气体叫做温室气体。大气中的温室气体主要是二氧化碳,还有甲烷,一氧化二氮,氯氟碳化合物,臭氧,水汽等,这些气体吸收红外辐射而影响到地球整体的能量平衡。

二氧化碳气体具有吸热和隔热的功能。它在大气中形成一种无形的玻璃罩,使太阳辐射到地球上的热量无法向外层空间发散,其结果是地球表面变热起来。因此,二氧化碳被称为温室气体。

空气中含有的二氧化碳,在过去很长一段时期中,含量基本上保持恒定。这是由于大气中的二氧化碳始终处于“边增长、边消耗”的动态平衡状态。大气中的二氧化碳有 80% 来自人和动、植物的呼吸,20% 来自燃料的燃烧。散布在大气中的二氧化碳有 75% 被海洋、湖泊、河流等地面的水及空中降水吸收溶解于水中。还有 5% 的二氧化碳通过植物光合作用,转化为有机物质贮藏起来。这就是多年来二氧化碳占空气成分 0.03％（体积分数）始终保持不变的原因。

　　但是近几十年来，由于人口急剧增加，工业迅猛发展，呼吸产生的二氧化碳及煤炭、石油、天然气燃烧产生的二氧化碳，远远超过了过去的水平。而另一方面，由于对森林乱砍乱伐，大量农田建成城市和工厂，破坏了植被，减少了将二氧化碳转化为有机物的条件。再加上地表水域逐渐缩小，降水量大大降低，减少了吸收溶解二氧化碳的条件，破坏了二氧化碳生成与转化的动态平衡，就使大气中的二氧化碳含量逐年增加。空气中二氧化碳含量的增长，结果让更多红外辐射被折返到地面上，加强了温室效应的作用，就使地球气温发生了改变。据分析，在过去二百年中，二氧化碳浓度增加 25％，地球平均气温上升 0.5℃。

　　大气的温室效应的增强，并由此产生的全球气候变暖等一系列严重问题，引起了全世界各国的关注。科学家预测：如果地球表面温度的升高按现在的速度继续发展，到 2050 年全球温度将上升 2～4℃，会带来以下列几种严重恶果：

　　1）地球上的病虫害和传染疾病增加。以疟疾为例，过去 5 年中世界疟疾发病率已翻了两番，现在全世界每年约有 5 亿人得疟疾，其中200 多万人死亡。

　　2）南北极地冰山将大幅度融化，另外，海水受热膨胀，都会导致海平面大大上升。预计由 1900—2100 年地球的平均海平面上升幅度介于 0.09 米至 0.88 米之间。如果海平面升高 1 米，直接受影响的土地面积约 5×10^6 平方千米，人口约 10 亿，耕地约占世界耕地总量的 1/3。如果考虑到特大风暴潮和盐水侵入，沿海海拔 5 米以下地区都将受到影响，这些地区的人口和粮食产量约占世界的 1/2。一部分沿海城市可能要迁入内地，大部分沿海平原将发生盐渍化或沼泽化，不适于粮食生产。同时，对江河中下游地带也将造成灾害。当海水入侵后，会造成江水水位抬高，泥沙淤积加速，洪水威胁加剧，使江河下游的环境急剧恶化。全球有超过一半人口居住在沿海 100 千米的范围以内，其中大部分住在海港附近的城市区域。所以，海平面的显著上升对沿岸低洼地区及海岛会造成严重的经济损害。

　　3）CO_2 增加不仅使全球变暖，还将造成全球大气环流调整和气候带向极地扩展。包括我国北方在内的中纬度地区降水将减少,加上升温使蒸发加大,因此,气候将趋干旱化。大气环流的调整,除了中纬度干旱化之外,还可能造成世界其他地区气候异常和灾害。例如,低纬度台风强度将增强,台风源地将向北扩展等。气温升高还会引起和加剧传染病流行等。

但是,温室效应也并非全是坏事。因为最寒冷的高纬度地区增温最大,因而农业区将向极地大幅度推进。CO_2 增加也有利于植物光合作用而直接提高有机物产量。

10.3 气候真的变暖了吗

过去一百多年的仪器观测表明,地球表面的温度在全球范围内有升高的现象。

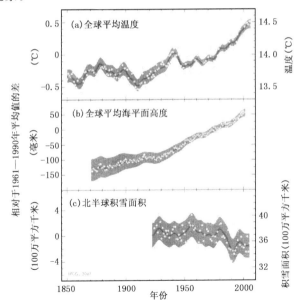

图 10.3 近百年来全球地表平均温度、海平面高度和北半球积雪面积变化
(《气候变化——人类面临的挑战》编写组,2007)

　　我们的地球在不断变暖,这是毋庸置疑的。政府间气候变化专门委员会第四次评估报告指出,最近 100 年(1906—2006 年)全球平均地表温度上升了 0.74℃。自 1850 年以来最暖的 12 个年份中有 11 个出现在近期的 1995—2006 年(1996 年除外)。过去 50 年的升温速度几乎是过去 100 年升温速度的 2 倍,说明了地球变暖的速度在加快。

　　动物和植物具有比我们人类更高的敏感性,它们已经感知正在发生的气候变化,并已经在调整着自己的行为。比如暖冬这一全球变暖的主要特征,使得植物开始生长和结束生长的日期发生相应的变化。加拿大山杨发芽比半个世纪前提高了 26 天。在欧洲,植物在春季萌芽提前了 6 天,而秋季树叶变色推迟了约 5 天,整个生长季延长了 11 天。

　　动物也有类似的行为表现。比如全球变暖导致鸟类的春季活动开始得更早了。栖息在美国亚利桑那州东南部的一种墨西哥鸟,1998 年筑巢产卵的时间比 1971 年提前了大约 10 天。在西班牙东北部,蝴蝶出现的时间比 1952 年提前了 11 天。不仅如此,有些动物将自己的活动范围向北迁移。比如,北美洲的红狐目前已经侵入了北冰洋狐群的地界。而欧洲和北美的蝴蝶将它们的活动范围向北移动了 200 千米。

> **暖冬:**北半球某年某一区域冬季(一般为当年 12 月至次年 2 月)平均气温比气候平均值(1971—2000 年的 30 年平均值)偏高时,则可认为该年该区域为暖冬。

> **政府间气候变化专门委员会:**
>
> 　　1988 年,世界气象组织和联合国环境署共同成立了政府间气候变化专门委员会,英文缩写为 IPCC。其主要任务是,以综合、客观、开放和透明的方式来评估那些与人类活动引起的气候变化的风险有关的科学的、技术的和经济社会的信息,它们的潜在影响以及适应和减缓选择。下设三个工作组,第一工作组的任务是评估气候系统和气候变化的科学认知现状;第二工作组主要评估气候变化对经济社会的影响和适应对策;第三工作组讨论减缓气候变化的各种对策问题。

10.4 什么是城市热岛效应

晴朗无风的夏日,海岛上的气温,高于周围海上气温,这是海洋热岛效应的表现。

城市热岛效应是指城市中的气温明显高于外围郊区的现象。在近地面温度图上,郊区气温变化很小,而城区则是一个高温区,就像突出海面的岛屿,由于这种岛屿代表高温的城市区域,所以就被形象地称为城市热岛。城市热岛效应使城市年平均气温比郊区高出 1°C,甚至更多。夏季,城市局部地区的气温有时甚至比郊区高出 6°C 以上。

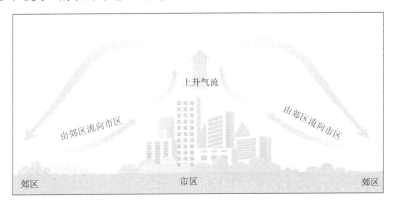

图 10.4 城市与郊区之间的热力环流示意(人民教育出版社地理社会室,2003)

近年来,随着城市建设的高速发展,城市热岛效应也变得越来越明显。热岛效应是由于人们改变城市地表而引起小气候变化的综合现象,在冬季最为明显,夜间也比白天明显,是城市气候最明显的特征之一。气候条件是造成城市热岛效应的外部因素,而城市化才是热岛形成的内因。城市热岛形成的原因主要有以下几点:

首先,是受城市下垫面特性的影响。城市内有大量的人工构筑物,如混凝土、柏油路面,各种建筑墙面等,大多为石头和混凝土建成,它的热传导率和热容都很高,加上城市建筑物密集高大,阻碍气流通行,使城市风速减小,从而改变了下垫面的热力属性。在相同的太阳辐射条件下,它们比自然下垫面(绿地、水面等)升温快,因而其表面温度明显高于自然下垫面。白天,沥青路面和屋顶温度可高出气温 8~17℃。

另一个主要原因是人工热源的影响。工厂生产、交通运输以及居民生活都需要燃烧各种燃料,每天都在向外散发大量的热量。

此外,城市中绿地、林木和水体的减少也是一个主要原因。随着城市化的发展,城市人口的增加,城市中的建筑、广场和道路等大量增加,绿地、水体等却相应减少,缓解热岛效应的能力被削弱。

当然,城市中的大气污染也是一个重要原因。城市中的机动车、工业生产以及居民生活,产生了大量的氮氧化物、二氧化碳和粉尘等排放物。这些物质会吸收下垫面热辐射,产生温室效应,从而引起大气进一步升温。

一般来说,一年四季都可能出现城市热岛效应。但是,对居民生活和消费构成影响的主要是夏季高温天气下的热岛效应。为了降低室内气温和使室内空气流通,人们使用空调、电扇等电器,而这些都需要消耗大量的电力。高温天气对人体健康也有不利影响。有关研究表明,环境温度高于 28℃ 时,人们就会有不适感;温度再高还容易导致烦躁、中暑、精神紊乱等症状;气温持续高于 34℃,还可导致一系列疾病,特别是使心脏、脑血管和呼吸系统疾病的发病率上升,死亡率明显增加。此外,气温升高还会加快光化学反应速度,使近地面大气中臭氧浓度增加,也会影响人体健康。

人类活动对气候的影响在城市中表现最为显著。根据设在城区和其周围郊区的气象站同时间观测资料表明,城市气候与郊区相比除了有热岛效应外,还有干岛、湿岛、混浊岛和雨岛等效应。

干岛和湿岛效应的形成,既有下垫面因素,又与天气条件密切相关。在白天太阳照射下,下垫面通过蒸散(含蒸发和植物蒸腾)过程而进入低层空气中的水汽量,城区要小于郊区,特别是在盛夏季节,郊区农作物生长茂密,城、郊之间自然蒸散量的差值更大。城区由于下垫面粗糙度大(建筑群密集、高低不齐),又有热岛效应,其机械湍流和热力湍流都比郊区强。通过湍流的垂直交换,城区低层水汽向上层空气的输送量又比郊区多,这两者都导致城区近地面的水汽压小于郊区,形成

"城市干岛"。到了夜晚,风速减小,空气层结稳定,郊区气温下降快,饱和水汽压减低,有大量水汽在地表凝结成露水,存留于低层空气中的水汽量少,水汽压迅速降低,城区因有热岛效应,其凝露量远比郊区少,夜晚湍流弱,与上层空气间的水汽交换量小,城区近地面的水汽压就高于郊区,出现"城市湿岛"。它大都在日落后 1～4 小时内形成,在日出后因郊区气温升高,露水蒸发,很快又转变成"城市干岛",在城市干岛和湿岛出现时必伴有城市热岛。它们都必须在风小而伴有城市热岛时才能出现。

混浊岛的形成,是因为城市工业生产、交通运输和居民炉灶等排放出的烟尘污染物比郊区多。这些污染物又大都是善于吸水的凝结核。城市中垂直湍流比较强,因此有利于低云的发展。大量观测资料证明,城区的低云量多于附近郊区,这就使得城市的散射辐射比郊区强,直接辐射比郊区弱,大气的混浊度显著大于郊区。

城市雨岛形成的条件是在大气环流较弱,有利于在城区产生降水的大尺度天气形势下,由于城市热岛所产生的局地气流的辐合上升,有利于对流云的发展;下垫面粗糙度大,对移动滞缓的降雨系统有阻障效应,使其移速更为缓慢,延长城区降雨时间;再加上城区空气中凝结核多,从而形成城市雨岛。

为着防止或减轻热岛效应的影响,要保护并增大城区的绿地、水体面积;在控制城市发展的同时,要控制城市人口密度、建筑物密度;在扩建新市区或改建旧城区时,应适当拓宽南北走向的街道;减少人为热的释放,尽量将民用煤改为液化气、天然气并扩大供热面积也是根本对策。

10.5　南极上空出现了臭氧洞

说起臭氧洞,可能有人以为大气中出现了一个"破洞",因此连女娲补天的故事也经常被引用。事实上,这只是大气中臭氧浓度在减少,无所谓"洞"的存在。臭氧洞是地球上空的臭氧层因臭氧大幅度减少的地区的通称。

臭氧是地球大气中的一种微量气体,其总量只占大气的百万分之几,而且 90% 集中在离地面 10～50 千米的大气层中,被称为臭氧层。

它可以吸收掉对地球上生灵有危害的太阳紫外辐射。在漫长的历史过程中,臭氧形成了动态平衡,并为地球上的万灵生存提供免遭紫外伤害的保护伞。如果地球的大气中没有臭氧层,人类就不复存在了。

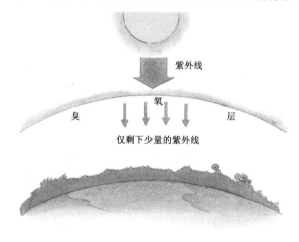

图 10.5　臭氧层吸收大量太阳紫外线

(李宗恺,1998)

然而,不幸的是,如今这把天然的保护伞出现了"漏洞"。1985 年,英国人发现,自 1970 年以来,9－10 月南极上空的臭氧浓度逐年迅速地下降。由于臭氧的减少会增加对流层紫外线的入射量,这份研究报告震惊了全世界。1982 年 10 月,南极上空首次出现了臭氧含量低于 200 个臭氧单位的区域,形成了臭氧洞。20 世纪 90 年代以来,南极臭氧洞持续发展,其最大覆盖面积已达 2900 万平方千米。

根据科学家的分析,人类向大气中排放的氟利昂等化合物进入臭氧层与臭氧发生化学反应,是使臭氧减少的重要因素。就南极上空臭氧洞的形成,科学家分析认为,携带北半球散发的氯氟烃的大气环流,随赤道附近的热空气上升,分流向两极,然后冷却下沉,从低空回流到赤道附近的回归线。在南极黑暗酷冷的冬季(6－9 月份),下沉的空气在南极洲的山地受阻,停止环流而就地旋转,吸入冷空气形成"极地风暴旋涡"。旋涡上升至臭氧层成为滞留的冰晶云,冰晶云吸收并积聚氯氟烃类物质。当南极的春季来临（9月下旬），阳光照射冰云，冰晶融化，释放吸附的氯氟烃类物质。在紫外线的照射下，分解产生氯原子，与臭氧反应，形成季节性的"臭氧空洞"。

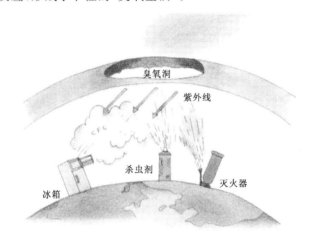

图10.6　人类活动导致臭氧洞的形成

（李宗恺，1998）

后来，在北极及北半球中纬度某些地区上空也观测到了臭氧含量的明显减少。我国青藏高原上空也出现了季节性的臭氧低值。不过，因为北极没有极地大陆和高山，仅有一片海洋冰帽，形不成大范围的强烈的"极地风暴"，所以不易产生像南极那样大的臭氧洞。但是，北极上空的臭氧也是在不断地减少着。

大气臭氧的厚度变得越来越薄，大气层出现臭氧洞，直接射向地面的紫外线就会越来越强，对人类以及地球而言，会造成以下一些危害。

一、影响人类健康。长期接受过量的紫外辐射，会引起细胞中脱氧核糖核酸（DNA）改变，细胞自身修复机能减弱，免疫机能减退，皮肤发生癌变。强紫外线还会诱发人体眼球晶体混浊，也就是产生白内障以至失明。据统计，臭氧每减少1%，皮肤癌发病率将增加2%～4%，白内障患者将增加0.3%～0.6%。

二、破坏地球生态平衡。臭氧层的减薄也会使动物产生白内障。

在南美洲的南端已经发现许多全盲或接近全盲的动物,例如,兔子、羊、牧羊犬等;在河里能捕到盲鱼,野生鸟类会自己飞到居民院内或房屋内,成为主人饭桌上的美味佳肴。强烈的紫外线还会使农作物和植物受到损害。科学家通过对 300 种的农作物和其他植物的温室实验证实,其中 65% 的农作物对紫外线敏感,尤以豆类、甜瓜、芥菜、白菜、土豆、西红柿、甜菜和大豆最为敏感;紫外线增加,它们的产量和质量都将下降。实验结果还表明,树木也会受到紫外线的伤害。总的来说,大量紫外线辐射能毁坏植物,特别是农作物,使地球的农作物减产,最终可能导致粮食危机。

此外,紫外线能穿透 10~20 米深的海水,过量紫外线会使浮游生物、鱼苗、虾、蟹幼体和贝类大量死亡,最终会造成某些生物灭绝。由于这些生物是海洋食物链中重要组成部分,所以最终可以引起海洋生物生态系统发生破坏,更大量的海洋生物死亡,进而影响全球生态平衡。

三、光化学烟雾污染。高层大气中臭氧层减薄使到达地面的紫外线增强。增强的紫外线使城市中汽车尾气的氮氧化物分解,在较高气温下产生以臭氧为主要成分的光化学烟雾。而臭氧本身在近地面大气中就是一种有害气体,会使人的呼吸道和眼睛等器官受到刺激和不同程度的伤害。

此外,过量紫外线还能加速建筑物、绘画、雕塑、橡胶制品、塑料的老化过程,降低质量,使其变硬、变脆、缩短使用寿命。尤其是在阳光强烈、高温、干燥气候下更为严重。

显然,臭氧层变薄主要是由于人类向大气中排放消耗臭氧层物质引起的。在 20 世纪 70 年代初期,科学家们就指出了人类向大气中排放的氟、氯、烃等物质会使大气中的臭氧遭到破坏,为此,联合国环境署制定了"世界保护臭氧层行动计划",随后,关于保护臭氧层的"维也纳公约"等一系列文件相继问世,直至 1995 年开始的"国际保护臭氧层日"的确定,表明了人类不再漠视生存环境的决心。遵照这一宗旨,我国编制完成了"中国消耗臭氧层物质逐步淘汰国家方案",于 1997 年 7 月 1 日冻结了氟氯化碳的生产,并将于 2010 年前全部停止生产和使用所有消耗臭氧层物质。保护臭氧层已成为一种政府行为。不过,作为个人,在生活中尽量不使用消耗臭氧层的物质,如含氟冰箱,哈龙灭火器,四氯化碳类清洗剂等,也是关注我们人类自己的生存空间的有责之举。

10.6　"空中死神"——酸雨

当前,人类面临许多环境问题:水危机、土地荒漠化、臭氧层遭破坏、温室效应、酸雨肆虐、森林锐减、水土流失、物种灭绝、垃圾成灾、有毒化学品污染。其中,酸雨肆虐是跨越国界的全球性的灾害。

1872 年英国化学家史密斯在其《空气和降雨:化学气候学的开端》一书中首先使用了"酸雨"这一术语,指出降水的化学性质受到燃煤和有机物分解等因素的影响,也指出酸雨对植物和材料是有害的。

酸雨是指 pH 值小于 5.6 的雨、雪、雹等大气降水。科学家发现酸味大小与水溶液中氢离子浓度有关,于是建立了一个指标:氢离子浓度对数的负值,叫 pH 值。纯水(蒸馏水)的 pH 值为 7;酸性越大,pH 值越低;碱性越大,pH 值越高。pH 值一般在 0~14 之间;未被污染的雨雪是中性的,pH 值近于 7;当它在大气中二氧化碳饱和时,略呈酸性(水和二氧化碳结合为碳酸),pH 值为 5.6。pH 值小于 5.6 的雨叫酸雨;pH 值小于 5.6 的雪叫酸雪;在高空或高山(如峨眉山)上弥漫的雾,pH 值小于 5.6 时叫酸雾。

酸雨的形成是一种复杂的大气化学和大气物理现象。酸雨中含有多种无机酸和有机酸,绝大部分是硫酸和硝酸,以硫酸为主。硫酸和硝酸是由人为排放的二氧化硫和氮氧化物转化而成的,可以是当地排放的,也可以是从远处迁移来的。可见,大气中的二氧化硫和二氧化氮是形成酸雨的主要物质。美国测定的酸雨成分中,硫酸占 60%,硝酸占 32%,盐酸占 6%,其余是碳酸和少量有机酸。大气中的二氧化硫和二氧化氮主要来源于煤和石油的燃烧,它们在空气中氧化剂的作用下形成溶解于雨水的硫酸和硝酸。据统计,全球每年排放进大气的二氧化硫约 1 亿吨,二氧化氮约 5000 万吨,所以,酸雨主要是人类生产活动和生活造成的。

酸雨是大气受污染的一种表现,因最早引起注意的是酸性的降雨,

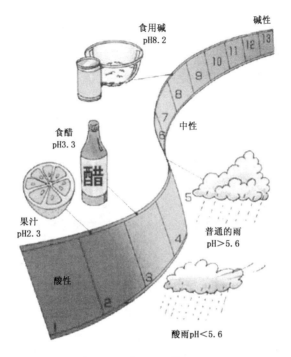

图 10.7　酸雨 pH 值示意图
（郑天喆等，2003）

所以习惯上统称为酸雨。我们所讲的酸雨是指由于人类活动的影响，使得 pH 值降低至 5.6 以下的酸性降水。随着近、现代工业化的发展，这样的降水开始出现，并且逐年增多。它已经开始影响到人类赖以生存的环境，以及人类自己了。酸雨使土壤酸化，降低土壤肥力，许多有毒物质被植物根系吸收，毒害根系，杀死根毛，使植物不能从土壤中吸收水分和养分，抑制植物的生长发育。酸雨使河流、湖泊的水体酸化，抑制水生生物的生长和繁殖，甚至导致鱼苗窒息死亡；酸雨还杀死水中的浮游生物，减少鱼类食物来源，使水生生态系统紊乱；酸雨污染河流湖泊和地下水，直接或间接危害人体健康。在瑞典的 9 万多个湖泊中，已有 2 万多个遭到酸雨危害，4 千多个成为无鱼湖。美国和加拿大许多湖泊成为死水，鱼类、浮游生物，甚至水草和藻类均被一扫而光。酸

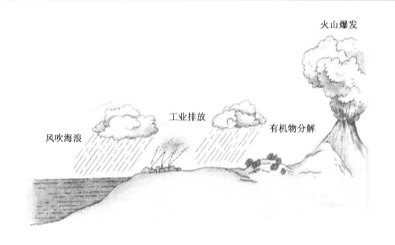

图 10.8　雨水中硫化物来源示意图(李宗恺,1998)

雨通过对植物表面(叶、茎)的淋洗直接伤害或通过土壤的间接伤害,促使森林衰亡,酸雨还诱使病虫害暴发,造成森林大片死亡。北美酸雨区已发现大片森林死于酸雨。德、法、瑞典、丹麦等国已有 700 多万公顷森林正在衰亡。酸雨对金属、石料、木料、水泥等建筑材料有很强的腐蚀作用,世界已有许多古建筑和石雕艺术品遭酸雨腐蚀破坏,如加拿大的议会大厦。酸雨还直接危害电线、铁轨、桥梁和房屋。

　　令人震惊的是,南极也观测到了酸雨,而且是比较强的酸雨。例如,我国南极长城站 1998 年 4 月曾先后 8 次观测到酸雨,其中最低 pH 值只有 4.45。长城站的铁质房屋和塔台被锈蚀得成层剥落,有的不得不进行更新。为了减缓腐蚀,每年要刷 2～3 次油漆。

　　世界上酸雨最严重的欧洲和北美许多国家在遭受多年的酸雨危害之后,终于都认识到,大气无国界,防治酸雨是一个国际性的环境问题,不能依靠一个国家单独解决,必须共同采取对策,减少硫氧化物和氮氧化物的排放量。经过多次协商,1979 年 11 月在日内瓦举行的联合国欧洲经济委员会的环境部长会议上,通过了《控制长距离越境空气污染公约》,并于 1983 年生效。《公约》规定,到 1993 年底,缔约国必须把二氧化硫排放量削减为 1980 年排放量的 70%。欧洲和北美(包括美国和加拿大)等 32 个国家都在公约上签了字。为了实现许诺,多数国家都已经采取了积极的对策,制订了减少致酸物排放量的法规。

目前,世界上已形成了三大酸雨区,一是以德、法、英等国家为中心,涉及大半个欧洲的北欧酸雨区。二是 20 世纪 50 年代后期形成的包括美国和加拿大在内的北美酸雨区。这两个酸雨区的总面积已达 1000 多万平方千米,降水的 pH 小于 5.0,有的甚至小于 4.0。我国在 20 世纪 70 年代中期开始形成的覆盖四川、贵州、广东、广西、湖南、湖北、江西、浙江、江苏和青岛等省市部分地区面积为 200 万平方千米的酸雨区,是世界第三大酸雨区。我国酸雨区面积虽小,但发展扩大之快,降水酸化速率之高,在世界上是罕见的。

酸雨是由大气污染造成的,而大气污染是跨越国界的全球性问题,所以,酸雨是涉及世界各国的灾害,需要世界各国齐心协力,共同治理。

10.7　你知道厄尔尼诺吗

1997 年春夏之交开始沸腾的赤道暖洋流——"气候开水壶",以其来势之凶、发展之快、强度之大、危害之重堪称百年之首,已被《人民日报》等新闻单位评为十大国际新闻之一,并且受到我国及世界各国高层决策者及环境、经济学家的密切关注,这种赤道中东太平洋海水异常偏暖的现象被称为厄尔尼诺。

早期,人们对东太平洋出现的暖洋流兴趣十足,为其取名为"上帝之子",或称"圣婴",其词来源于西班牙语,音译为"厄尔尼诺"。一是因为它常发生在圣诞节前后,更主要原因是它与当地的丰收年景有关。1925 年人们目睹了秘鲁附近发生的暖洋流,当年 3 月沙漠地区降雨量多达 400 毫米,而前 5 年降水总和不足 20 毫米。结果是,沙漠变成绿洲,几乎整个秘鲁覆盖着茂密的牧草,羊群成倍增多,不毛之地纷纷长出了庄稼……尽管人们也发现,许多鸟类死亡,海洋生物遭到破坏,但人们依然相信是"圣婴"给他们带来了丰收年。

几十年过去了,人们对厄尔尼诺现象有了比较新的理解。

首先,在科学上将厄尔尼诺用于表示在秘鲁和厄瓜多尔附近东太

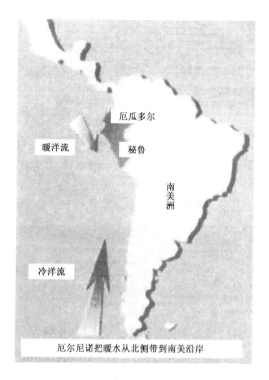

图 10.9　南美沿岸圣诞节前后出现向南流动的暖流
（翟盘茂等,2003）

平洋海域海面温度的异常增高现象。当这种现象发生时,大范围的海水温度可比常年高出 $3\sim6℃$。实际上,厄尔尼诺现象是太平洋赤道带大范围内海洋和大气相互作用后失去平衡而产生的一种气候现象。正常情况下,热带太平洋区域的季风洋流是从美洲流向亚洲,给印尼周围带来热带降雨。但这种模式每 $2\sim7$ 年被打乱一次,使风向和洋流发生逆转,太平洋表层的热流就转而向东流向美洲,随之便带走了热带降雨,改变了传统的赤道洋流和东南信风,导致全球性的气候反常。出现所谓的厄尔尼诺现象。

更重要的是,厄尔尼诺现象对生态、环境、气候乃至世界经济的影响,人们对此有了较深刻的认识:厄尔尼诺特别是强厄尔尼诺会给世界经济带来巨大灾难。

厄尔尼诺现象发生时,由于海温的异常增高,导致海洋上空大气层气温升高,破坏了大气环流原来正常的热量、水汽等分布的动态平衡。这一海气变化往往伴随着出现全球范围的灾害性天气:该冷不冷、该热不热,该天晴的地方洪涝成灾,该下雨的地方却烈日炎炎,焦土遍地。一般来说,当厄尔尼诺现象出现时,赤道太平洋中东部地区降雨量会大大增加,造成洪涝灾害,而澳大利亚和印度尼西亚等太平洋西部地区则干旱无雨。比如 1982—1983 年的厄尔尼诺事件中,秘鲁是受害最重的国家之一。事件发生前,秘鲁供应的鱼粉占世界的 38％,1982—1983 年秘鲁的捕鱼量从过去的 1030 万吨锐减到 180 万吨;美国作为鱼粉的代用品——黄豆的价格暴涨 3 倍,饲料价格上涨反过来又使鸡的零售价猛涨;菲律宾干旱严重,导致椰子价格大幅度上扬,又使制造肥皂和清洁剂的成本大大提高……1997 年 8 月,世界气象组织的一份报告指出,1982—1983 年的厄尔尼诺,造成全球 130 亿美元的直接经济损失,间接和潜在影响难以估计。

1997 年 3 月起,热带中、东太平洋海面出现异常增温,至 7 月,海面温度已超过以往任何时候,由此引起的气候变化已在一些地区显露出来。多种迹象表明,赤道东太平洋的冷水期已经结束,开始向暖水期转换。科学家们由此认为,新一轮厄尔尼诺现象开始形成,并将持续到 1998 年。也正是从这一刻起,地球上的气候开始乱了套:从北半球到南半球,从非洲到拉美,气候变得古怪而不可思议,该凉爽的地方骄阳似火,温暖如春的季节突然下起了大雪,雨季到来却迟迟滴雨不下,正值旱季却洪水泛滥。澳大利亚发生数十年最严重的干旱,粮食持续减产,经济作物破坏严重;印尼、澳大利亚森林大火损失惨重,举世瞩目;厄尔尼诺还使美国东部出现少有的寒冬,造成能源、交通运输等经济损失数百亿美元;东亚许多国家经历了少有的冷夏,水稻严重减产。这是 20 世纪末最严重的一次厄尔尼诺现象。

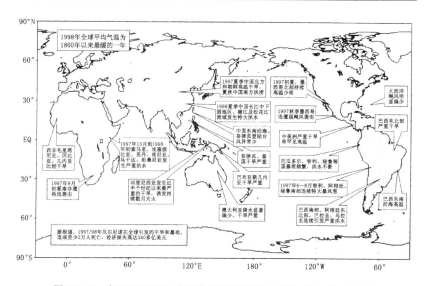

图 10.10　与 1997/1998 年厄尔尼诺有关的主要气候事件示意图
（翟盘茂等，2003）

　　圣婴之后有"女婴"　在深入探索厄尔尼诺与气候变化关系的过程中，科学家又发现了与其性格相反的拉尼娜现象。有人称之为"圣婴"的邪恶妹妹"女婴"，虽然威力不及"圣婴"，但也会给人类造成一定伤害。拉尼娜现象也是每隔几年出现一次，是东太平洋沿着赤道酝酿出的不正常低温气流，同样会导致气候异常。1998年 5 月厄尔尼诺现象才告结束，全球气候尚未恢复正常，拉尼娜现象却出来为患，令不少地方分别出现严寒、干旱和暴雨等灾害。从世界范围来看，拉尼娜现象在南部非洲引起暴风雨和洪灾，在肯尼亚和坦桑尼亚引起干旱，在菲律宾和印度尼西亚酿成洪灾，在南美洲的南部地区则是异常的干燥少雨天气，北美的大干旱烤焦了从加里福尼亚到佐治亚的大片土地，使谷物收成减产了 1/3。美国西部森林火灾不断，著名的黄石国家公园一度被大火所吞。

厄尔尼诺对我国的气候影响　我国科学家认为,厄尔尼诺对我国的影响明显而复杂,主要表现在五个方面:一是厄尔尼诺年夏季主雨带偏南,北方大部少雨干旱;二是长江中下游雨季大多推迟;三是秋季我国东部降水南多北少,易使北方夏秋连旱;四是全国大部冬暖夏凉;五是登陆我国台风偏少。除了上述一般规律外,也有一些例外情况。因为制约我国天气气候的因素很多,如大气环流、季风变化、陆地热状况、北极冰雪分布、洋流变化乃至太阳活动等。

10.8　呵护气候,从点滴做起;节能减排,从我做起

　　人类诞生几百万年以来,可以说,一直和自然界相安无事。因为人类的活动能力,也就是破坏自然的能力很弱,最多只能引起局地小气候的改变。但是工业革命以来情况就不一样了,因为工业化意味着大量燃烧煤和石油,意味着向地球大气排放大量的废气。其中二氧化碳气体造成大气温室效应,使全球变暖,极冰融化,海平面上升;二氧化硫和氮氧化物可以形成酸雨;氯氟烃气体能破坏高空臭氧层,造成南极臭氧洞和全球臭氧层减薄。此外,工业化排放的污染气体也使人类聚居的城市成了浓度特高的大气污染岛……

　　通常认为,能源消耗、温室气体排放的主体是工农业生产。事实上,随着我国城镇居民人均住房面积不断增长,空调、电脑、汽车数量的急剧增加,生活消费总量迅速上升。2003—2005年,生活直接能源消费量较上年的增长幅度依次为13.1％、7.3％和9.9％。2005年我国生活消费消耗的能源总量达5.3亿吨标准煤,占能源消费总量的24％。与此同时,我国居民生活消费还存在着高消费甚至铺张消费的现象。据估算,我国目前的粮食浪费比例高达18％。

　　人类在发展经济,提高生活质量的同时,无形中闯下了弥天大祸。这些弥天大祸看起来似乎是天灾,实际上却不折不扣是人类自己造成的人祸。这也就是地球大气对人类进行的可怕的报复,大自然是决不

会因为人类的无知而原谅人类的。因此,节能减排就成为应对气候变化的一个重要问题。事关重大,世界各国领导人坐到一起,共同商讨削减 CO_2 的排放量问题。1992 年 6 月,世界各国元首、政府首脑云集巴西里约热内卢,在联合国《气候变化框架公约》上签了字。

可见,节能减排和应对气候变化已经成为当前经济社会发展的一项重要而紧迫的任务,世界各国对此给予了高度重视。因为节能减排与我们每一个公民的生活息息相关,参与节能减排也就是每一位公民应尽的义务。从我做起,从现在做起,从身边做起,从生活点滴做起,转变不合理的消费模式,提倡崇尚节约、科学文明的简约化生活方式,形成节约资源、减少污染、保护环境的社会风气。通过积极参与节能减排,为实现国家的节能减排目标作出自己的贡献,共同创造更加节约、更加洁净、更加文明的可持续的美好生活。

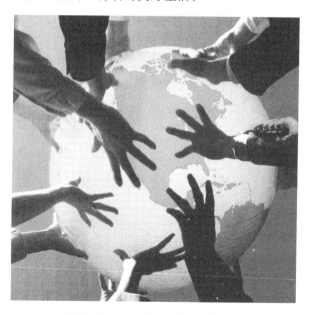

图 10.11 人人都来关爱我们的地球

(《气候变化——人类面临的挑战》编写组,2007)

"十一五"国家科技支撑计划"全球环境变化人文因素的检测与分析技术研究"课题研究结果显示:全国每年有 2500 万人每人少买一件不必要的衣服,可节能约 6.25 万吨标准煤,减排二氧化碳 16 万吨;全国 1.9 亿台洗衣机每月都少用一次,用手洗代替一次机洗,每年可节能约 26 万吨标准煤,减排二氧化碳 68.4 万吨;全国平均每人每年减少粮食浪费 0.5 千克,每年可节能约 24.1 万吨标准煤,减排二氧化碳 61.2 万吨;全国 2 亿"酒民"平均每年少喝 0.5 千克,可节能约 8 万吨标准煤,减排二氧化碳 20 万吨;全国 1248 万辆私人轿车每月少开一天,每年可节油约 5.54 亿升,减排二氧化碳 122 万吨;1 棵树 1 年可吸收二氧化碳 18.3 千克,相当于减少了等量二氧化碳的排放,如果全国 3.9 亿户家庭每年都栽种 1 棵树,那么每年可多吸收二氧化碳 734 万吨……

我国是个有着 13 亿人口的大国,任何一个微不足道的数字乘以 13 亿都将是十分巨大的。所以人人减排,贡献不小。

为了保护我们共同的家园,请节约使用每一滴淡水。

为了保护我们共同的家园,请多种植树木减慢沙化。

为了保护我们共同的家园,请不再用一次性塑料袋。

为了保护我们共同的家园,请不要随意扔废旧电池。

为了保护我们共同的家园,请减少二氧化碳的排放。

为了保护我们共同的家园,请每人都爱护花草树木。

为了保护我们共同的家园,请您积极宣传保护环境。

为了保护我们共同的家园,请出门多走路、少开车。

附录 1

公共气象服务天气图形符号*

序号	黑白符号	名称	名称(英文)	说明
1		晴(白天)	sunny	适用于白天时间段晴的表示以及不区分白天、夜晚时间段时晴的表示
2		晴(夜晚)	sunny at night	适用于夜晚的晴
3		多云(白天)	cloudy	适用于白天的多云以及不区分白天、夜晚时间段时多云的表示
4		多云(夜晚)	cloudy at night	适用于夜晚的多云
5		阴天	overcast	
6		小雨	light rain	
7		中雨	moderate rain	
8		大雨	heavy rain	

* 引自中华人民共和国国家标准 GB/T22164—2008

续表

序号	黑白符号	名称	名称（英文）	说明
9		暴雨	torrential rain	适用于暴雨及暴雨以上降雨
10		阵雨	shower	
11		雷阵雨	thunder shower	
12		雷电	lightning	
13		冰雹	hail	
14		轻雾	light fog	
15		雾	fog	
16		浓雾	severe fog	
17		霾	haze	
18		雨夹雪	sleet	
19		小雪	light snow	
20		中雪	moderate snow	
21		大雪	heavy snow	

附录1

序号	黑白符号	名称	名称(英文)	说明
22		暴雪	torrential snow	适用于暴雪及暴雪以上降雪
23		冻雨	freezing rain	
24		霜冻	frost	
25		4 级风	4－force wind	
26		5 级风	5－force wind	
27		6 级风	6－force wind	
28		7 级风	7－force wind	
29		8 级风	8－force wind	
30		9 级风	9－force wind	
31		10 级风	10－force wind	
32		11 级风	11－force wind	

续表

序号	黑白符号	名称	名称(英文)	说明
33		12 级及以上风	12-force wind	适用于 12 级及 12 级以上风
34		台风	tropical cyclone	适用于热带气旋各等级(含热带低压、热带风暴、强热带风暴、台风、强台风、超强台风)
35		浮尘	floating dust	
36		扬沙	dust blowing	
37		沙尘暴	sandstorm/duststorm	适用于沙尘暴、强沙尘暴、特强沙尘暴

附录 2

我国主要农事活动及其气象灾害和防御措施分月要点(辑录)

一月份农事要点

主要农事活动

东北　开展兴修水利,农田基本建设,积肥。

华北　越冬小麦管理。

西北　越冬小麦管理。

长江中下游　越冬作物管理,培土,追施腊肥,清沟,镇压等。

西南　越冬作物管理。

华南　小麦追肥,种冬植蔗,春植蔗收获。海南早稻播种。

主要气象灾害

小麦　越冬冻害

油菜　越冬冻害

甘蔗　冷冻

防御措施

(1)冬灌,增施农家肥。

(2)对小麦冻害　镇压,覆盖,集雪。

(3)对油菜冻害　冬灌,培土,施腊肥。

(4)对甘蔗冷害与冻害:

①增施农家肥和磷、钾肥。

②对宿根蔗覆土保护。

③降温前采取灌水、薰烟、喷灌等措施。

④冻害轻的地块冻后立即浇水,可缓和其危害,冻害重的要先砍先榨,以减轻损失。

二月份农事要点

主要农事活动

东北　南部顶凌耙地,耙压保墒,积肥送粪,备耕。

华北　春播作物备耕。耧麦松土保墒,根据墒情、苗情浇返青水。

西北　麦田耙压,春播作物备耕。

长江中下游　三麦返青管理,中耕除草,追施返青肥,灌水。

长江以南　做好清沟保墒。油菜中耕松土,追施返青肥。春播备耕。

西南　春播作物备耕,耕翻早稻秧田。夏收作物田间管理,中耕松土,麦田追肥,油菜造肥。

华南　春播备耕。南部早稻、早玉米播种,夏收作物后期管理,南部小麦开始收获。早大豆播种。种冬植蔗,春植蔗收获。

主要气象灾害

小麦冬春干旱;小麦、油菜冻害。

防御措施

(1)对小麦干旱

①镇压、耱麦弥缝。

②喷灌或灌水补墒。

③土壤日化夜冻时,顶凌耙地保墒。

④铺施土杂肥,雨后趁墒追肥。

⑤集雪。

(2)冬小麦冻害补救措施

①存活茎数不足 15 万株,及时翻耕改种。

②受冻旺苗搂去枯叶,促进新叶生长,适当早浇返青水,早施返青肥。

③受冻晚弱苗应推迟浇返青水,慎施化肥,不要深松土,待恢复生长后逐步进行。

④因地制宜采取补救措施,新疆北部早春融雪时应及时排水,黄土高原注意防治受冷麦苗病害,华北平原要选择冷尾暖头晴好天气进行农事操作,黄淮平原冻害易恢复,不要轻易改种,长江流域麦田受冻应

及早追肥浇水。

(3)油菜冻害的补救措施

①早施返青肥。

②遇旱结合追肥浇水。

③中耕松土。

三月份农事要点

主要农事活动

东北　整地保墒,播前春灌,南部春小麦顶凌播种,冬麦灌返青水。

华北　解冻后及时肥地,冬小麦普遍施肥,浇水,早春作物播种。

长江中下游　麦田肥水管理,施拔节肥,浇拔节水,除草,治粘虫。油菜追薹肥,清沟理墒,封行前中耕培土。棉花营养钵播种,大田备耕,玉米、大豆、花生等播前准备。

华南　早稻继续播种,培育壮秧,大田备耕。玉米间苗,定苗,中耕,培土,追肥。小麦开始收获,大豆播种。种冬植蔗,春植蔗收获,处理宿根,秋植蔗中耕追肥。

西南　夏收作物追施穗肥、化肥,适时灌溉,防治病虫害。南部单季稻、玉米播种。

主要气象灾害

早稻春季低温,小麦晚霜冻、春旱。

防御措施

(1)对小麦晚霜冻

①返青期镇压、中耕、多施磷钾肥。

②霜冻来临前灌溉,发生霜冻时喷雾。

③霜冻后加强管理,镇压,适时追施速效肥料和浇水。

(2)抗旱播种

①抢墒:顶凌播种,抢墒早播,浸种催芽趁雨抢种等。

②提墒:锻压,耙耧,踩种,深开沟浅复土等。

③造墒:开沟洇地,浸种,粪肥加水,坐水点种等。

④玉米坑种,水稻旱种等。

(3)对早稻春季低温

①选择冷空气不易侵入的背风向阳环境作秧田。

②浸种催芽。

③抓住冷尾暖头,抢晴播种。

④用糠灰、细土、薄膜等覆盖。

⑤用温度较高的河水灌溉,日排夜灌。

⑥做好水管理。

四月份农事要点

主要农事活动

东北　水稻育秧,旱直播。棉花、玉米、大豆、甜菜播种。春小麦播种。

华北　小麦拔节期水肥管理。棉花、玉米、大豆、甜菜播种。棉花营养钵育苗移栽。

西北　冬小麦松土,培土,灌水,施肥。春小麦播种,中耕,水肥管理。玉米整地播种。

长江中下游　三麦肥水管理,防治病虫害和湿害。早稻和中稻先后播种,防止烂秧,双季早稻插秧。棉花育苗移栽苗床管理,直播棉和地膜棉播种。油菜追施花肥,叶面追肥,江南注意排水。玉米播种,查苗,补苗,定苗。花生、大豆播种。

西南　水稻、玉米、棉花等抓冷尾暖头,抢晴播种。水稻秧田管理。

华南　早稻插秧和田间管理,中耕追肥,治虫。中稻播种。玉米、大豆中耕追肥。冬、春植蔗中耕追肥,防治虫害。

主要气象灾害

小麦、油菜湿害、晚霜冻,早稻春季低温,春旱、雹灾。

防御措施

(1)对湿害

①渠系配套,做到尽快排去地里水,渗掉浅层水,降低地下水位,雨过田干。

②在河网地区要使内外河分开,控制好河网水位。

③中耕松土,增强土壤通透性。

④增施肥料,施用有机肥。

（2）对小麦雹灾

①追施肥料，使受灾小麦迅速恢复生育，促进外蘖生长成穗。

②结合追肥及时浇水。

③中耕松土 2～3 次；分期收获，减轻损失。

五月份农事要点

主要农事活动

东北　冬、春小麦管理，及时中耕、除草、松土。大豆、花生、玉米播种，间定苗。水稻插秧和苗期管理。

华北　春插作物查苗、补苗、间苗、定苗，中耕除草、治虫。小麦后期管理，防治锈病、干热风，做好夏收准备工作。

西北　冬、春小麦中耕、追肥、除草，防治病虫。玉米间苗、定苗、中耕、除草。

长江中下游　小麦根外追肥，遇干旱浇好抽穗、灌浆、麦黄等水，防御湿害、病虫害和干热风。双季早稻插秧、追肥、耘田；中稻移栽，麦茬中稻育秧，单季晚稻秧田播种。棉花苗期管理，补苗，间苗，定苗，施苗肥，育苗移栽，棉苗栽前管理及整地移栽。油菜收获，留种。花生播种，查苗补苗，中耕除草，追施苗肥。大豆中耕除草，追施花荚肥。玉米中耕除草，施拔节肥和穗肥。

西南　中稻插秧。玉米定苗、补苗和中耕追肥，晚玉米播种。大豆播种。油菜、小麦收获，夏收作物收、打、晒、藏。

华南　早稻耘田追穗肥；中稻整地插秧。早玉米收获。冬植蔗、宿根蔗中耕施肥。

主要气象灾害

小麦干热风，水稻低温冷害、春旱、雹灾。

防御措施

（1）对水稻干旱

①培育壮秧，旱地育秧和半旱育秧培育的秧苗更耐旱。

②采用"寄秧"和插"跑马秧"等方法，等水和节水插秧。

③满足活棵水，中耕除草。

④采用抑制水分蒸腾剂等技术。

(2)对水稻"五月低温"

①以水调温。低温阶段灌浅水保温,低温波动阶段勤灌浅灌,雨停后和中午气温较高时露田通气升温后晒田。

②增施速效性肥料,特别是磷肥。

(3)对小麦干热风

①灌好抽穗灌浆水,根据具体情况浇麦黄水。

②叶面喷肥 1~2 次。采用草木灰、磷酸二氢钾、石油助长剂、硼砂等叶面喷液,喷清水亦有一定效果。

六月份农事要点

主要农事活动

东北　冬、春小麦后期管理,准备收获。玉米、大豆中耕铲耥。水稻中耕除草,棉花整枝,中耕,除草,施肥。

华北　小麦收获,抢晴打麦,晒麦。春玉米中耕、施肥,夏玉米播种。棉花整枝,浇水,施肥,治蚜虫。水稻插秧。

西北　冬、春小麦后期管理,防治病虫,开始收获。春玉米浇水,中耕,除草,追肥。

长江中下游　小麦成熟收获。麦茬稻插秧;早稻田时干时湿,施拔节孕穗肥;双季晚稻播种。棉花进行蕾期管理,去叶枝,中耕除草,培土,喷生长调节剂,遇旱灌溉。沿江麦田清沟排水;麦茬棉播种。花生中耕除草,培土,灌水,摘心。夏大豆播种。春玉米去雄,中耕,追施粒肥,防治玉米螟。

西南　继续收获夏熟作物,中稻移栽,抢种大春作物。玉米、大豆等旱作物及时中耕,灌水,施肥。

华南　早稻后期管理,中稻中耕,追肥;晚稻播种。早玉米收获。早大豆收获;中大豆中耕造肥;晚大豆播种。春、冬植蔗中耕,追肥培土。

主要气象灾害

小麦干热风,麦收连阴雨,水稻高温热害,伏旱,洪涝,台风,雹灾。

防御措施

(1)对小麦后期灾害

浇麦黄水;灌水时要注意天气,防止倒伏,倒伏后不宜扶捆,喷乙烯有利催熟作用。根据天气预报,抢晴收获,遇连阴雨,可提早到蜡熟初期收获,比受连阴雨危害的损失要小。

（2）对水稻高温热害

白天加深水层,日灌夜排;喷灌喷洒化学药剂,如硫酸锌、磷酸二氢钾、过磷酸钙;遇高温时,在傍晚栽秧。

（3）玉米雹灾的补救

冰雹停止后立即扶苗护苗;及早追施速效氮肥;如墒情差,应浇水;进行1～2次锄地、培土。

（4）棉花雹灾的补救

幼苗期受灾,可移栽补苗;进行多次中耕松土;追施速效氮肥;如墒情差,进行适量灌溉;整枝。

七月份农事要点

主要农事活动

东北　冬、春小麦收获,南部及时整地、施肥,种下茬。大豆、棉花、玉米中耕、追肥、灌水。水稻中耕、除草、追肥。棉花整枝,防治蚜虫。

华北　棉花中耕除草,整枝,追肥;春玉米中耕,施肥;夏玉米间、定苗;田间管理。水稻中耕,除草,追肥。防治病虫害。

西北　冬小麦收获后整地,玉米灌水,施肥,中耕,除草。

长江中下游　早稻后期管理,施粒肥,收获,脱粒,贮藏;双季稻秧田管理,移栽;单季中稻中耕除草,烤田,施穗肥。单季晚稻施分蘖肥,中耕。棉花打顶,施磷肥,喷生长调节剂,防治病虫,夏播棉花蕾期管理。花生中耕除草,压蔓,摘心。春大豆后期管理,开始收获;夏大豆中耕、除草、灌水,施肥。春玉米后期管理,夏玉米苗期管理。

西南　水稻中耕,除草,追肥。小、晚玉米中耕,除草,追肥,培土,防治病虫害。

华南　早稻收获,中稻追肥;晚稻插秧,稻田防治螟虫。晚玉米播种、间、定苗,早玉米收获。大豆中耕、施肥。春、冬植蔗、宿根蔗中耕、追肥,培土,防治蚜虫。

主要气象灾害

伏旱、高温热害,洪涝、台风、雹灾。

防御措施

(1)对长江流域伏旱

科学管水,扩大有效灌溉面积;结合施肥,抗旱灌溉因地制宜,改种晚秋作物,夏播作物抢墒播种;搞一部分水稻旱种;根外喷液;伏旱年份虫害明显重于病害,要抓紧防治。

(2)对水稻涝害

如接近成熟,应在灾前抢收;排水,洗苗,扶苗,补苗;中稻孕穗期受涝可蓄留再生稻;追施速效肥料,以肥补晚;改种补种;涝灾诱发病虫害加重,应抓紧防治。

(3)对棉花涝害

及时排水,做到雨过田干;利用退水洗苗扶苗;根部培土,逐次加高;勤中耕松土;及时补施速效化肥;合理整枝,适当推迟打顶;育期推迟可用乙烯利催熟。

(4)对玉米涝害

建立田间排水渠系;及时中耕,松土,培土;增施速效氮肥;采用去雄,打底叶,喷化学催熟剂等方法促进早熟。

八月份农事要点

主要农事活动

东北　　玉米、大豆中耕,追肥。水稻除草,后期管理。棉花除草,整枝,防治病虫害。早熟玉米收获。

华北　　春玉米、大豆成熟,收获。棉花打顶,打群尖,喷生长抑制剂,防治病虫害,开始采收。夏播作物抓紧田间管理。

西北　　冬小麦整地,施肥。玉米中耕,灌水,施肥。

长江中下游　　后季稻移栽结束,中耕,施分蘗肥和穗肥;中稻保持浅水层,补施粒肥;单季晚稻中耕,除草,烤田,施穗肥。棉花去无效蕾,打老叶,剪空枝,叶面喷肥。夏大豆追施花荚肥,中耕培土,灌溉。

西南　　水稻中耕,追肥,防治病虫。玉米收获。小麦整地。

华南　　中稻施穗肥,双季晚稻中耕追肥,防治病虫害。晚玉米中耕,培土,追肥。中大豆收获。春、冬植蔗灌水,施肥,治虫;种秋植蔗。

主要气象灾害

洪涝、干旱、台风、雹灾。

防御措施

对台风

①水稻灌浆期倒伏,可采取人工扶立、株间支撑方法,但倒伏过重者不宜;成熟期倒伏,要及时排除田间积水,及时收获,防止穗上发芽。

②甘蔗可采取风前捆蔗,风后及时扶蔗,并结合培土,施肥。如倒伏后不能及时扶蔗,蔗茎已弯曲上长,则不宜再扶。

九月份农事要点

主要农事活动

东北　收获水稻、玉米、大豆,分批采摘棉花。田间选种留种,南部冬小麦整地播种。

华北　玉米、大豆、水稻等大秋作物成熟收获。冬小麦整地播种。

西北　玉米收获,冬小麦开始播种。

长江中下游　中稻收获;单季晚稻后期管理;双季晚稻中耕,施分蘖肥和穗肥。棉花采摘。冬油菜田准备及播种。玉米、花生、大豆成熟收获。

西南　收割水稻,加强迟栽稻的田间管理。玉米田间管理,促早熟。小麦、油菜播种。

华南　中稻、晚玉米、晚大豆收获。晚稻追施穗肥。

主要气象灾害

干旱、低温冷害、早霜、秋雨。

防御措施

(1)对东北低温冷害

①多锄多耘,疏松土壤,提高地温。

②采用去雄、放秋垄、拔大草、打底叶、剥开苞叶等促早熟措施。

③根外喷磷。

④喷洒增产灵、叶面增温剂、乙烯利等。

⑤采用防风屏障,如防风网,应用于棉花、花生等作物。

⑥将未成熟玉米带根刨下,囤晒于场院或避风向阳处,过 10～20

天再收棒。

(2)小麦抗旱播种措施

①选种,提高种子发芽率和整齐度。

②用氯化钙溶液闷种或浸种等措施,提高抗旱能力。

③及时耕地灭茬,精细整地。

④在秋作物收获前,将麦秸或其他可作有机肥的覆盖物撒于田间。

⑤采用沟播,深开沟,浅覆土。

⑥在有条件情况下,抢墒播种。

⑦采用沟灌洇墒,泼水接墒等方法造墒播种。

十月份农事要点

主要农事活动

东北　水稻、甜菜收获,棉花采摘。秋翻土地。

华北　水稻、花生收获。继续播种小麦。做好秋耕。

西北　冬小麦播种,冬灌。

长江中下游　中稻、单季晚稻、双季晚稻先后成熟,收获。三麦整地播种。棉花采摘。直播油菜播种,移栽油菜培育壮苗和移栽。夏玉米、夏大豆、夏花生成熟收获。

西南　玉米、大豆、水稻收获。继续播种油菜、小麦。

华南　中稻、晚玉米、晚大豆收获,选种,留种。小麦播种。

主要气象灾害

干旱,低温冷害,早霜,秋雨。

防御措施

(1)对双季晚稻低温冷害

①日排夜灌,以水增温。

②低温来临前,根外追磷肥。

③喷施叶面成膜物质,如叶面增温剂等。

(2)对秋旱(小麦)

①播后如墒情不足,应立即浇蒙头水。

②三叶期如遇干旱,浇分蘖水。

③播层有坷垃,可在播种后1～2天镇压,小麦3～4叶期压麦时,

对弱苗要轻压。

④晚播麦可采取浅锄松土,增温保墒。

十一月份农事要点

主要农事活动

东北　秋翻,耙压土,冬灌,兴修农田水利,积肥。

华北　冬小麦冬前管理,浇冻水。秋耕。

西北　冬小麦冬灌,覆盖,追肥,耙耱镇压。兴修水利,农田基本建设。

长江中下游　小麦查苗补苗,中耕,施苗肥,灌水,晚麦播种。双季晚稻收获,脱粒。油菜追施苗肥,中耕。

西南　播种小麦、油菜,对已播的越冬作物进行田间管理。晚玉米收获。秋耕。

华南　晚稻收获,选种留种,翻耕。继续播种小麦,进行管理。种冬植蔗,秋植蔗收获。

主要气象灾害

小麦、油菜越冬冻害,甘蔗冷冻害。

防御措施

对冬小麦越冬冻害

①在冬前昼消夜冻,日平均气温4~5℃时进行冬灌。

②停止生长时覆粪。

③冬前及时耙耱松土,封冻后耱麦仍有较好效果。

④镇压。

十二月份农事要点

主要农事活动

东北　兴修水利,农田基本建设。

华北　兴修水利,农田基本建设。冬小麦压麦保墒。

西北　兴修水利,农田基本建设,积肥。

长江中下游　麦田追施腊肥,冬灌,镇压,清沟培土。油菜冬灌,中耕培土,施腊肥。

西南　小麦中耕松土,施分蘖肥。油菜间苗,定苗,中耕,追施苗肥。

华南　小麦播种,追肥,中耕。秋植蔗收获,种冬植蔗。

主要气象灾害

小麦、油菜越冬冻害,甘蔗冷冻害。

防御措施

对油菜冻害

①中耕碎土培苗,结合铺腊肥。

②浇施稀粪水稳苗。

③增施磷肥和钾肥。

④摘除冬季可能开花的早薹。

⑤清沟排涝,降低地下水位。

参考文献

北京华风气象影视信息集团.2005.电视气象基础.北京:气象出版社.

本书编写组.1971.十万个为什么(7).上海:上海人民出版社.

本书编写组.2007.气候变化——人类面临的挑战.北京:气象出版社.

段若溪等.2003.农业气象学.北京:气象出版社.

赖比星等.2009.欣赏峨眉"佛光"要选时.气象知识,1:39-41.

李爱贞,刘厚风,张桂芹.2003.气候系统变化与人类活动.北京:气象出版社.

李爱贞等.2006.气象学与气候学基础(第二版).北京:气象出版社.

李建云.2006.趣味气象小百科.成都:四川辞书出版社.

李宗恺主编.1998.地球的外衣——大气.南京:江苏科学技术出版社.

罗祖德.1999.正视灾害.南京:江苏教育出版社.

人民教育出版社地理社会室.2003.地理(上册).北京:人民教育出版社.

孙卫国.2008.气候资源学.北京:气象出版社.

汪勤模.1998.识破天机的现代神探.北京:气象出版社.

王奉安.1998.撩开地球的神秘面纱.北京:气象出版社.

干劲松等.2009.空间天气灾害.北京:气象出版社.

温克刚主编.1999.辉煌的二十世纪新中国大纪录·气象卷.北京:红旗出版社.

杨德保等.2003.沙尘暴.北京:气象出版社.

翟盘茂等.2003.厄尔尼诺.北京:气象出版社.

郑天喆等.2003.科学与未来·修补臭氧层.北京:知识出版社.

朱汉苏等.1999.电视气象导读.北京:气象出版社.